食品分析与检验实验教程

主　　编　罗凤莲

副 主 编　卿志星　刘艳兰

编　　委　杨武英（江西农业大学）

　　　　　刘艳兰（长沙理工大学）

　　　　　李　跑（湖南农业大学）

　　　　　王亚洁（贵州医科大学）

　　　　　罗凤莲（湖南农业大学）

　　　　　卿志星（湖南农业大学）

　　　　　耿　响（江西农业大学）

　　　　　袁洁瑶（长沙理工大学）

　　　　　杨卫灵（贵州医科大学）

　　　　　周　玥（湖南农业大学）

U0172525

华中科技大学出版社

中国·武汉

内　容　简　介

　　本书为食品分析、食品分析与检验、食品质量与安全检验等课程教学配套实验教程,分为基础知识、基本实验和综合实验三部分。在实验项目的选择上,结合现行的国家标准、行业标准、国内外参考文献,经过多位教师和实验员的重复实验,汇编整理而成。

　　本书可作为高等学校食品科学与工程、食品质量与安全、食品营养与健康、食品安全与检测等专业教材,也可供农产品加工科研院所、食品卫生检验和质量监督部门、食品企业等的有关科技人员参考。

图书在版编目(CIP)数据

食品分析与检验实验教程/罗凤莲主编.—武汉：华中科技大学出版社,2023.4
ISBN 978-7-5680-9293-7

Ⅰ.①食…　Ⅱ.①罗…　Ⅲ.①食品分析-实验-高等学校-教材 ②食品检验-实验-高等学校-教材
Ⅳ.①TS207.3

中国国家版本馆 CIP 数据核字(2023)第 058152 号

食品分析与检验实验教程
Shipin Fenxi yu Jianyan Shiyan Jiaocheng

罗凤莲　　主编

策划编辑：王新华
责任编辑：王新华
封面设计：原色设计
责任校对：王亚钦
责任监印：周治超
出版发行：华中科技大学出版社(中国·武汉)　　电话：(027)81321913
　　　　　武汉市东湖新技术开发区华工科技园　　邮编：430223
录　　排：武汉正风图文照排中心
印　　刷：武汉市籍缘印刷厂
开　　本：787mm×1092mm　1/16
印　　张：12.25
字　　数：318 千字
版　　次：2023 年 4 月第 1 版第 1 次印刷
定　　价：36.00 元

前　言

本书内容为食品分析、食品分析与检验、食品质量与安全检验等课程教学配套实验。全书分为三部分,共九章,第一部分为基础知识(第一章、第二章),第二部分为基本实验(第三章至第八章),第三部分为综合实验(第九章),内容涉及实验室安全、实验须知、食品感官检验、物理检验法、食品中营养成分的测定、食品添加剂的测定、食品中有毒有害物质的测定、食品安全快速检测,以及食品分析综合实验,由湖南农业大学、长沙理工大学、江西农业大学、贵州医科大学等院校共10位长期从事食品分析相关教学、具有丰富实践经验的老师合作编写而成,是兼具操作性、实用性、指导性的实验指导教材。

本书具体编写分工如下:湖南农业大学李跑编写第一章、第二章和第九章;长沙理工大学刘艳兰编写第三章、第六章;江西农业大学杨武英编写第四章(实验一至实验四);贵州医科大学王亚洁和杨卫灵共同编写第四章(实验五、实验六)、第五章(实验十七)、第八章;湖南农业大学罗凤莲编写第五章(实验一至实验七);湖南农业大学卿志星编写第五章(实验八至实验十一);江西农业大学耿响编写第五章(实验十二至实验十六)、第七章(实验九);长沙理工大学袁洁瑶编写第七章(实验一至实验八);湖南农业大学周玥编写附录。

全书由罗凤莲负责统稿和审核,杨武英、卿志星、刘艳兰、李跑等提出了很多宝贵的建议。在编写过程中,得到了湖南农业大学、长沙理工大学、江西农业大学、贵州医科大学食品分析课程群相关教学团队的大力支持,在此一并表示感谢。

在编写过程中参考引用了大量国家标准方法及相关研究论文、书籍等,在此对原作者表示衷心的感谢。

由于时间仓促,编者水平所限,书中难免有不妥之处,恳请读者批评指正。

编　者

2022 年 12 月

目 录

第一部分 基 础 知 识

第一章 实验室安全 ··· 3
第一节 实验室安全守则 ··· 3
第二节 事故处理和急救 ··· 3
第二章 实验须知 ··· 5
第一节 实验要求及注意事项 ··· 5
第二节 实验记录、实验报告 ··· 5

第二部分 基 本 实 验

第三章 食品感官检验 ··· 9
实验一 味觉敏感度测定 ··· 9
实验二 差别检验(三点检验法) ··· 12
实验三 排序检验法 ··· 14
实验四 分级实验(评分法) ··· 17
实验五 定量描述分析实验 ··· 19
第四章 物理检验法 ··· 22
实验一 液体食品相对密度的测定(密度计法) ····························· 22
实验二 液体食品中酒精度的测定(酒精计法) ····························· 25
实验三 果汁中糖含量的测定(折光法) ··································· 28
实验四 味精纯度的测定(旋光法) ······································· 34
实验五 液体食品黏度的测定(旋转黏度计法) ····························· 36
实验六 红曲色素色价的测定(分光光度法) ······························· 38
第五章 食品中营养成分的测定 ··· 40
实验一 食品中水分的测定(直接干燥法) ································· 40
实验二 食品中水分活度的测定 ··· 42
  Ⅰ 康卫氏皿扩散法 ··· 42
  Ⅱ 水分活度仪扩散法 ··· 46
实验三 食品中灰分的测定(干法灰化法) ································· 47

实验四　食品中铁的测定 ……………………………………………………… 49

　　Ⅰ　火焰原子吸收光谱法 ………………………………………………… 49

　　Ⅱ　邻二氮菲比色法 ……………………………………………………… 53

实验五　食品中总酸的测定 …………………………………………………… 55

　　Ⅰ　酸碱指示剂滴定法 …………………………………………………… 55

　　Ⅱ　pH 计电位滴定法 …………………………………………………… 57

实验六　食品 pH 值的测定(pH 计法) ……………………………………… 58

实验七　食品中氨基酸态氮的测定 …………………………………………… 60

　　Ⅰ　pH 计法 ……………………………………………………………… 60

　　Ⅱ　双指示剂甲醛滴定法 ………………………………………………… 62

实验八　食品中还原糖与可溶性总糖的测定 ………………………………… 63

实验九　食品中淀粉的测定 …………………………………………………… 67

　　Ⅰ　酶水解法 ……………………………………………………………… 67

　　Ⅱ　酸水解法 ……………………………………………………………… 70

实验十　食品中氯化钠的测定(莫尔法) ……………………………………… 72

实验十一　食品中总黄酮的测定(分光光度法) ……………………………… 75

实验十二　食品中脂肪的测定 ………………………………………………… 77

　　Ⅰ　索氏提取法 …………………………………………………………… 77

　　Ⅱ　碱性乙醚提取法 ……………………………………………………… 79

实验十三　食品中蛋白质的测定 ……………………………………………… 82

　　Ⅰ　凯氏定氮法 …………………………………………………………… 82

　　Ⅱ　考马斯亮蓝法 ………………………………………………………… 88

实验十四　食品中抗坏血酸的测定 …………………………………………… 90

　　Ⅰ　2,6-二氯靛酚滴定法 ………………………………………………… 90

　　Ⅱ　荧光法 ………………………………………………………………… 92

实验十五　植物类食品中粗纤维的测定(重量法) …………………………… 95

实验十六　果胶的测定(重量法) ……………………………………………… 97

实验十七　茶叶中茶多酚总量的测定(分光光度法) ………………………… 99

第六章　食品添加剂的测定 ………………………………………………… 102

实验一　食品中苯甲酸、山梨酸和糖精钠的测定(液相色谱法) …………… 102

实验二　食品中合成着色剂的测定 ………………………………………… 105

　　Ⅰ　液相色谱法 ………………………………………………………… 105

　　Ⅱ　纸层析法 …………………………………………………………… 108

实验三　食品中二氧化硫的测定 …………………………………………… 109

　　Ⅰ　酸碱滴定法 ………………………………………………………… 109

　　Ⅱ　分光光度法 ……………………………………………………… 112

　　实验四　食品中亚硝酸盐和硝酸盐测定 …………………………… 114

　　　Ⅰ　离子色谱法 …………………………………………………… 114

　　　Ⅱ　分光光度法 …………………………………………………… 118

第七章　食品中有毒有害物质的测定 …………………………………… 122

　　实验一　植物油中过氧化值的测定(滴定法) ……………………… 122

　　实验二　食品中酸价的测定(冷溶剂指示剂滴定法) ……………… 124

　　实验三　食品中有机磷农药的测定(气相色谱法) ………………… 130

　　实验四　食品中有机氯农药的测定(毛细管柱气相色谱法) ……… 133

　　实验五　食品中镉的测定(石墨炉原子吸收光谱法) ……………… 137

　　实验六　食品中铅的测定 …………………………………………… 140

　　　Ⅰ　石墨炉原子吸收光谱法 ……………………………………… 140

　　　Ⅱ　火焰原子吸收光谱法 ………………………………………… 143

　　实验七　食品中砷的测定(氢化物发生原子荧光光谱法) ………… 146

　　实验八　食品中汞的测定(原子荧光光谱法) ……………………… 149

　　实验九　白酒中甲醇及杂醇油的测定(气相色谱法) ……………… 153

第八章　食品安全快速检测 ……………………………………………… 157

　　实验一　果蔬有机磷类和氨基甲酸酯类农药的快速检测(速测卡法) ……… 157

　　实验二　食品中黄曲霉毒素 B_1 的快速检测(酶联免疫吸附法) ……… 159

　　实验三　肉中盐酸克伦特罗的快速检测(胶体金免疫层析法) …… 161

　　实验四　乳品中三聚氰胺的快速检测(胶体金免疫层析法) ……… 163

　　实验五　酒中甲醇的快速检测 ……………………………………… 164

　　　Ⅰ　酒醇仪法 ……………………………………………………… 164

　　　Ⅱ　速测盒法 ……………………………………………………… 166

　　实验六　食品中甲醛的快速检测(速测盒法) ……………………… 167

　　实验七　有毒豆角的快速检测(试剂盒法) ………………………… 169

　　实验八　食品加工器具、容器洁净度的快速检测(速测卡法) …… 170

　　实验九　食品加工消毒间消毒灯具的快速检测(速测卡法) ……… 172

第三部分　综合实验

第九章　食品分析综合实验 ……………………………………………… 175

　　实验一　辣椒腌制前后的理化指标变化 …………………………… 175

　　实验二　豆粉干燥前后的理化指标变化 …………………………… 176

　　实验三　植物油煎炸前后的理化指标变化 ………………………… 177

附录 ……………………………………………………………………………………………… 179

　　附录 A　我国化学试剂的等级及标志 …………………………………………………… 179

　　附录 B　常用酸碱浓度表(市售商品) …………………………………………………… 179

　　附录 C　常用标准溶液的配制与标定 …………………………………………………… 179

　　附录 D　常用酸碱指示剂(以变色 pH 值范围为序) ………………………………… 185

　　附录 E　部分实验仪器操作说明 ………………………………………………………… 185

参考文献 …………………………………………………………………………………… 187

第一部分

基础知识

第一章 实验室安全

第一节 实验室安全守则

为保障实验室中人身、仪器及设备安全,必须遵守以下安全守则:

(1)学习并遵守实验室的各项规定,严格执行操作规程,并做好各类记录。

(2)实验室内必须穿实验服,实验结束后认真洗手、洗脸;实验室内严禁吸烟、饮食、睡觉、嬉闹、穿拖鞋、使用明火电器和电暖气等取暖设备,禁止放置与实验室无关的物品,无关人员禁止入内。

(3)了解实验室潜在的风险和应急方式,并采取必要的安全防护措施;熟悉紧急情况下的逃离路线和紧急应对措施,清楚急救箱、灭火器材、紧急洗眼装置和冲淋器的位置。

(4)不得随意搬弄仪器;学生必须在教师指导或提示下,按正确的操作步骤和安全须知进行有关实验,不得随意更改实验内容;严禁单凭兴趣,随意做实验,以防发生事故。

(5)如实验中发生异常情况,应立即停止实验,向指导教师或实验室负责人报告并采取措施消除隐患,不得冒险作业。

(6)了解各种试剂的性质及危害,注意试剂的使用安全,严格按照有关规定领取、存放和保管化学药品;有毒试剂的容器要专门处理,盛有腐蚀性试剂的容器标签要注明,使用时注意防护;如有易燃易爆试剂要防止明火。

(7)实验中产生的化学废液要分类收集存放,集中回收处理,严禁倒入下水道。严禁将废弃物品、杂物等丢入下水道。

(8)实验进行中操作者不得擅自离开实验室,离开时必须有人代管,进行危险实验时至少两人在场。

(9)实验结束后,应正确关闭仪器设备,保持实验台面和地面干净整洁,清理垃圾,最后离开人员必须检查并关闭实验室水、电、气、门窗等。

第二节 事故处理和急救

发生实验室事故时,在保证自身安全的情况下,现场人员应尽快控制事故源,防止事故蔓延,尽早向医疗急救机构求援。事态较轻的,在做好现场应急处理的同时,及时报告部门领导;事故严重的,立即报告校保卫处;预计事态较严重,可能失控时,应立即组织楼内人员疏散和撤离。

1. 实验室灭火

移除或隔绝燃料的来源、隔绝空气(氧气)、降低温度是实验室灭火的原则,在火灾初期采取适当措施可有效降低损失。

二氧化碳灭火器具有流动性好、喷射率高、不腐蚀容器和不易变质等优良性能,可以有效避免干粉灭火法对精密仪器的二次损害,现在实验室一般采用二氧化碳灭火器。但二氧化碳灭火器不适用于碱金属类火灾,因为二氧化碳也能支持此类金属的燃烧,会使火势更强。如果活泼金属钠、镁等发生着火,使用干沙土覆盖灭火即可,不可用水灭火。

发生电器火灾时,首先要切断电源,再用水或灭火器灭火。在无法断电的情况下,应使用干粉、二氧化碳、四氯化碳等不导电灭火剂来扑灭火焰,切忌使用泡沫灭火器,因为使用泡沫灭火器易触电。

2. 烧伤

当发生烧伤时,需在受伤现场立刻进行冷却处理。衣物着火时,应立即浇水灭火,然后用自来水洗去烧坏的衣服,并慢慢切除或脱去没有烧坏的部分,注意避免碰到烧伤面。应连续冷却 30 min 至 2 h,冷却水的温度在 10～15 ℃ 为合适,不宜过低。为了防止引起疼痛和损伤细胞,受伤后应采用迅速冷却的方法,在 6 h 内有较好的效果。严重烧伤时,应用清洁的毛巾或被单覆盖烧伤面,如果有可能,则一边冷却,一边立刻送医院治疗。

3. 触电

当发生触电时,应尽快让触电人员脱离电源,立即关闭电源或拔掉电源插头。若无法及时找到或断开电源,可用干燥的木棒、竹竿等绝缘物挑开电线,不得直接触碰带电物体和触电者的身体。触电者脱离电源后,应迅速将其移到通风、干燥的地方仰卧,若触电者呼吸、心跳均停止,应在保持触电者气道通畅的基础上,立即交替进行人工呼吸和胸外按压等急救措施,同时立即拨打"120"急救电话,尽快将触电者送往医院,途中继续进行心肺复苏术。

4. 漏水和浸水

此时应在第一时间关闭水阀,切断室内电源,转移仪器防止其被水淋湿,组织人员进行积水清除,并及时报告维修人员处置。

第二章 实 验 须 知

第一节 实验要求及注意事项

食品分析与检验实验课程侧重于食品理化检测的数据,而重点在于准确性和可靠性,这就需要实验者具有良好的实验习惯。

(1)预习。每次实验前必须预习实验内容,了解实验目的、实验原理、仪器试剂、操作步骤和注意事项等。

(2)保持实验场所整洁卫生。应保持实验室整洁卫生,仪器摆放有序,这样使用时才能得心应手。

(3)严格规范地进行实验操作。严格规范的实验操作并不会抑制学生的创造能力。学生可在实验方案上进行创新,但必须遵循实验条件。基本实验操作必须按照规范执行。这样才能保证实验的完成,保证数据的可靠性。

(4)实验过程中仔细观察。课程实验不可能大量重复,因此实验结果并不重要,关键是观察实验过程的各个因素对实验结果的影响。可灵活应用食品分析方法和原理,根据自身实验技能不足之处提出改进措施。

(5)全面严谨地做好实验记录。在实验报告上,要有实验原料、实验条件、实验原始数据、实验中间现象、实验结果等相关记录。

第二节 实验记录、实验报告

每次开展实验时,要做好数据记录。每次实验课完成后,要撰写实验报告。实验记录及实验报告要求如下:

(1)实验记录本应标上页码,不要撕去任何一页,不要擦抹及涂改,写错的地方可画一条或两条斜线删掉,记录时必须用钢笔或圆珠笔。

(2)实验中观察到的现象、数据结果应及时如实地记在记录本上,绝对不可以用单片纸做记录或草稿,原始记录必须准确、简练、详尽、清楚。分析检验留存的原始记录可以参考表 1-1 的格式。

(3)记录实验结果时,还应根据实验的要求将一定实验条件下获得的实验结果和数据进行整理、归纳、分析和对比,并尽量制成各种图表,如原始数据及其处理的表格、标准曲线绘制图、比较实验组与对照组实验结果的图表等。对于含量实验中观测的数据,如称量物的质量、滴定管的读数、分光光度计的读数等,都应设计一定的表格准确记下正确的读数,并根据仪器的精确度准确保留有效数字。例如,吸光度值为 0.050,不应写成 0.05;滴定管的体积读数为 10.10 mL,不应写成 10.1 mL。每一个结果最少要重复观测两次。实验记录上的每一个数字,都反映每一次的测量结果,所以重复观测时即使数据完全相同也应如实记录下来。总之,对于实验的每个结果都应正确、无遗漏地做好记录。

（4）对于实验中所使用仪器的类型、编号以及试剂的规格、分子式、相对分子质量、浓度等，都应记录清楚，以便总结实验时进行核对和作为查找失败原因的参考依据。

（5）如果发现记录的结果存疑、遗漏、丢失等，都必须重做实验。在实验工作中不可靠的实验结果记录可能造成难以估计的损失，所以在学习期间就应注意培养一丝不苟、严谨求实的实验态度。

（6）实验结束后，应及时整理实验结果，撰写实验报告。讨论部分可以就实验方法、操作步骤、实验现象、实验结果等进行探讨，也可以提出与实验课程相关的建议。

表 1-1　原始记录表（参考式样）

样品名称：	样品编号：
检测项目：	检测标准：
温度：	湿度：

主要仪器设备	
操作步骤	
分析结果	m_1:＿＿＿＿＿g　　m_2:＿＿＿＿＿g V_1（平行 1）＝＿＿＿＿＿　　V_1（平行 2）＝＿＿＿＿＿ $\overline{V}_1$＝＿＿＿＿＿ V_2（平行 1）＝＿＿＿＿＿　　V_2（平行 2）＝＿＿＿＿＿ $\overline{V}_2$＝＿＿＿＿＿ X_1＝＿＿＿＿＿ X_2＝＿＿＿＿＿ $\overline{X}$＝＿＿＿＿＿

检测人　　　　　　　核对人　　　　　　　检测日期　　　　年　　月　　日

第二部分

基本实验

第三章　食品感官检验

　　食品感官检验就是以心理学、生理学、统计学为基础,依靠人的感觉(视觉、听觉、触觉、味觉、嗅觉)对食品进行评价、测定或检验并进行统计分析,以评定食品质量的方法。在食品生产过程中,还可以利用感官检验方法从食品制造工艺的原材料或中间产品的感官特性来预测产品的质量,为加工工艺的合理选择、正确操作、优化控制提供有关的数据,以控制和预测产品的质量和顾客对产品的满意程度。因此,感官检验对产品质量的预测和控制具有重要的作用。

　　食品感官检验的方法分为分析型感官检验和嗜好型感官检验两种。分析型感官检验是把人的感觉作为测定仪器,测定食品的特性或差别的方法。比如:检验酒的杂味,判断用多少人造肉代替香肠中的动物肉。评定各种食品的外观、香味、食感等特性都属于分析型感官检验。嗜好型感官检验是根据消费者的嗜好程度评定食品特性的方法。比如:饮料的甜度怎样算最好,电冰箱颜色怎样算最好等。

　　弄清感官检验的目的,分清是利用人的感觉测定物质的特性(分析型)还是通过物质来测定人们嗜好度(嗜好型)是设计感官检验方案的出发点。分析型感官检验常用于食品的质量控制和检测,嗜好型感官检验常用于食品的设计和推广。

　　食品感官检验的方法很多。在选择适宜的检验方法之前,首先要明确检验的目的、要求等。根据检验的目的、要求及统计方法的不同,常用的感官检验方法可以分为差别检验法、类别检验法、分析或描述检验法。进行食品感官检验前应根据检验的目的和要求选择适宜的检验方法。

实验一　味觉敏感度测定

一、实验目的

　　(1) 培训品评员(又称感官评价员)感受和辨别酸、甜、苦、咸四种基本味道,使每个品评员了解自己的味觉敏感性。

　　(2) 用于选择和培训品评员的初始实验,培训品评员对酸、甜、苦、咸四种基本味觉的识别能力及区别不同类型的阈值。

二、实验原理

　　酸、甜、苦、咸四种基本味道由舌头上不同的区域感受。在舌头上不同形状的乳突中的味蕾对呈味物质的反应不同,而且不同形状的乳突的分布不是均匀的,从而形成了不同的滋味敏感区。

　　味觉敏感度通常用阈值表示。其中察觉阈值是指刚刚能引起某种感觉的最小刺激量,识别阈值是指能使人确认出某种具体感觉的最小刺激量,差别阈值是指感官所能感受到的刺激的最小变化量。

　　品评员应有正常的味觉识别能力与适当的味觉敏感度。酸、甜、苦、咸是人类的四种基本味觉,取四种标准味感物质以浓度递增的顺序向品评员提供样品,品评员品尝后记录味感。

三、实验试剂、主要仪器设备、实验原料

1. 实验试剂

除非另有说明,食品感官检验所用试剂均为食用级,水为纯净水。

(1) 结晶柠檬酸(一水合物)。

(2) 蔗糖。

(3) 结晶咖啡因(一水合物)。

(4) 无水氯化钠。

采用食用级结晶柠檬酸(一水合物)、蔗糖、结晶咖啡因(一水合物)、无水氯化钠,在干燥、洁净的容量瓶中制备酸、甜、苦、咸四种味感物质贮备液,贮备液的浓度见表 3-1,然后使用表 3-1 所列四种味感物质贮备液,按表 3-2 制备四种不同味道适宜的系列稀释液。

表 3-1　四种味感物质贮备液

基本味道	参比物质	浓度/(g/L)
酸	结晶柠檬酸($M_r = 210.1$)	1.2
甜	蔗糖($M_r = 342.3$)	24
苦	结晶咖啡因($M_r = 212.12$)	0.3
咸	无水氯化钠($M_r = 58.46$)	4

注:2 L 贮备液足够供 20 个品评员使用。

表 3-2　四种不同味道适宜的系列稀释液

稀释液代号	酸		甜		苦		咸	
	V/mL	ρ/(g/L)	V/mL	ρ/(g/L)	V/mL	ρ/(g/L)	V/mL	ρ/(g/L)
D1	500	0.60	500	12.00	500	0.15	500	2.00
D2	400	0.48	300	7.20	400	0.12	350	1.40
D3	320	0.38	180	4.32	320	0.10	245	0.98
D4	256	0.31	108	2.59	257	0.08	172	0.69
D5	205	0.25	65	1.56	2035	0.06	120	0.48
D6	164	0.20	39	0.94	163	0.05	84	0.34
D7	131	0.16	23	0.55	130	0.04	59	0.24
D8	105	0.13	14	0.34	103	0.03	41	0.16
等比比率 R	0.8		0.6		0.8		0.7	

注:V 为配制 1 L 规定浓度的溶液所需的贮备液量;ρ 为稀释液浓度。

2. 主要仪器设备

(1) 容量瓶。

(2) 移液管。

(3) 品评杯。

(4) 清水杯。

(5) 吐液杯。

3. 实验原料

酸、甜、苦、咸系列稀释液。

四、操作方法

1.味道的识别

(1) 按表 3-3 所示浓度选用柠檬酸、蔗糖、咖啡因、氯化钠溶液(代表酸、甜、苦、咸这四种味道)的稀释液,相当于表 3-2 中稀释液 D2 和 D3 等量混合。将配制好的溶液分别倒在已经编号的品评杯中,每杯倒入 15 mL,品评杯编号时采用随机数编码表进行三位随机数编码。

表 3-3 味道识别测试溶液

标准物质	浓度/(g/L)
柠檬酸	0.43
蔗糖	5.76
咖啡因	0.11
氯化钠	1.19

(2) 在托盘中按随机的顺序放入 10 个盛有不同样品溶液和水的样品杯。同时放入一个 350 mL 的清水杯(内盛满纯净水),作为漱口之用。

(3) 待品评员在各自的位置坐定后,按提供顺序对样品液进行品尝,重复两次,将编码与味感结果记录于表 3-4。

表 3-4 基本味道识别能力的测定记录表

序号	一	二	三	四	五	六	七	八	九	十
试样编号										
味感										
记录										

2.阈值识别

(1) 对每一种味道,将 D1 至 D8 稀释液置于不同的容器中,每个品评杯中倒入 15 mL 样品,品评杯编号采用三位数编码,编码方式由实验员制定并记录、保密。

(2) 给每个品评员提供一瓶水用于漱口,此水应与制备稀释液所用水相同。

(3) 按浓度递增顺序依次向品评员提供测试溶液,每次提供样品溶液约 15 mL,并在每两个样品评价之间漱口清洗口腔。避免向品评员同时提供全部样品。

(4) 品评员在进行每次品尝后立即在阈值识别答案表(表 3-5)中记录结果。每个品评员的正确答案的最低浓度,就是该品评员的相应基本味感的察觉阈值或识别阈值。

表 3-5 阈值识别答案表

姓名:_____										时间:_____年___月___日	
		提供容器顺序									
		第一	第二	第三	第四	第五	第六	第七	第八	第九	第十	第十一
代码	水	320	216	432	109	307	542	875	650	259	129	372
答案												

注:○表示没有一点感觉;×表示感觉出味道(察觉阈值);××、×××、××××等表示识别出浓度有差异,××为识别阈值(每当识别出浓度有差异,增加一个×)。当识别出味道,将味道名称写在相应容器代码下面。

五、结果与分析

(1) 根据品评员的品评结果,统计该品评员的察觉阈值和识别阈值。

(2) 根据品评员对四种基本味道的品评结果,计算各自的辨别正确率。

六、说明及注意事项

(1) 试样品评期间样品的温度尽量保持在 20 ℃。

(2) 蔗糖溶液不稳定,应在制备当天使用。

(3) 测试样品的组合,可以是同一浓度系列的不同味感样品,也可以是不同浓度系列的同一味感样品或 2～3 种不同味感样品,每批样品数一致(如均为 5 个或 7 个)。

(4) 在实验过程中,品评员不要相互商量评价结果,应当独立完成整个实验。

七、思考题

(1) 实验环境对品评实验有何种影响?

(2) 影响个人味觉的因素有哪些?

(3) 按递增顺序向品评员交替呈现刺激系列的原因是什么?

实验二　差别检验(三点检验法)

一、实验目的

(1) 通过鉴别不同厂家牛奶产品的细微差别,熟悉和掌握三点检验方法。

(2) 使用三点检验方法,初步测试与训练品评员对牛奶的风味鉴别能力,便于挑选合格者进行复试与培训。

二、实验原理

当加工原料、加工工艺、包装方式或贮藏条件发生变化时,要确定产品感官特征是否发生变化,三点检验是一种有效的检验方法。

在三点检验中,每次同时呈送三个编码样品给每个品评员,其中有两个样品是相同的,要求品评员挑选出不同于其他两个样品的那个样品。在感官评定中,三点检验用于鉴别两个样品之间的细微差别,既可进行差异分析,也可进行偏爱分析。三点检验法也可用于对品评员的筛选和培训。

三、主要仪器设备、实验原料

1. 主要仪器设备

(1) 品评杯。

(2) 清水杯。

(3) 吐液杯。

2. 实验原料

牛奶:两种品牌不同但感官品质相近的牛奶。

四、操作方法

1. 样品准备

（1）样品的贮藏:牛奶样品的温度应保持一致。

（2）品评杯:按实验人数准备。

2. 样品编号

以随机数对样品编号,见表3-6。

表 3-6　牛奶三点检验法样品编号

日期:＿＿＿＿＿＿＿　　　　编号:＿＿＿＿＿＿＿　　　　品评员号:＿＿＿＿＿＿＿

样品类型:　牛奶

检验类型:　三点检验

产品	含有两个 A 的编码		含有两个 B 的编码	
A	396　　183		572	
B	764		116　　331	
品评员	样品编码及呈送顺序			实际编码
1	396	183	764	AAB
2	572	116	331	ABB
3	116	331	572	BBA
4	764	183	396	BAA
5	396	764	183	ABA
6	116	572	331	BAB
7	396	183	764	AAB
8	572	116	331	ABB
9	116	331	572	BBA
10	764	183	396	BAA
11	396	764	183	ABA
12	116	572	331	BAB
13	396	183	764	AAB
14	572	116	331	ABB
15	116	331	572	BBA
16	764	183	396	BAA
17	396	764	183	ABA
18	116	572	331	BAB

3. 供样顺序

将3个不同编号的样品同时呈送给品评员,其中2个样品是同一类型,而另一个是不同的类型,例如,AAB、ABB、BBA。

4. 品评

品评员检验前用清水漱口。品评员将收到 3 个编码样品,按照呈送顺序从左至右依次品评各样品,中间用清水漱口,圈出其中不同样品的代码。表 3-7 为品评问答表。

表 3-7　三点检验法问答表

样品:牛奶对比实验	实验方法:三点检验法
品评员:＿＿＿＿＿＿	实验日期:＿＿＿＿＿＿

请从左至右依次品尝你面前的 3 个样品,其中有两个是相同的,另一个不同,品尝后,记录结果。你可以多次品尝,但不能没有答案。

相同的两个样品编号是:＿＿＿＿＿　　　　　＿＿＿＿＿

不同的那个样品编号是:＿＿＿＿＿

五、结果与分析

(1) 统计每个品评员的实验结果,查三点检验法检验表,判断该品评员的鉴别水平和样品间的差异性。

(2) 统计本组品评员的实验结果,查三点检验法检验表,判断该组品评员的鉴别水平和样品间的差异性。

六、说明及注意事项

控制光线以减小颜色的差别。

七、思考题

(1) 三点检验法实验适用于评定的食品范围是什么?

(2) 试设计一个带有特定的感官问题的风味(或异常风味、商标等)的三点检验法实验。

实验三　排序检验法

一、实验目的

(1) 熟悉和掌握感官评价的排序检验方法。

(2) 运用排序法对饼干进行偏爱程度的检验,为产品开发、营销等做准备。

二、实验原理

排序检验方法适用于评价样品间的差异,如样品某一种或多种感官特性的强度,或者评价人员对样品的整体印象。该方法可用于辨别样品间是否存在差异,但不能确定样品间差异的程度。排序检验方法是以均衡随机的顺序将样品呈送给评价人员,要求评价人员就指定指标将样品进行排序,计算秩次和,然后利用 Friedman 法或 Page 法对数据进行统计分析。

当实验目的是就某一项性质(如甜度、新鲜程度等)对多个产品进行比较时,排序检验法是最简单的方法。排序检验法比任何其他方法更节省时间。它常被用在以下几个方面：

（1）确定由于原料、加工、处理、包装和贮藏等各环节而造成的产品一个或多个感官指标强度水平的影响。

（2）如样品需要为下一步的实验预筛或预分类，即在对样品进行更精细的感官分析之前，可应用此方法。

（3）对消费者或市场经营者订购的产品进行可接受性调查。

排序检验法的优点在于可以同时比较两个以上的样品。但是当样品品种较多或样品之间差别较小时，就难以进行。排序检验中的评判情况取决于鉴定者的感官分辨能力和有关食品方面的性质。

三、主要仪器设备、实验原料

1. 主要仪器设备

（1）品评托盘。

（2）清水杯。

（3）吐液杯。

2. 实验原料

市售饼干五种。

四、操作方法

1. 样品准备

（1）样品制备：样品的性状、大小等应尽量一致，并应去除商标登记号。

（2）样品贮存：样品应放在干燥的容器或塑料袋中，使用前取出。

（3）品评托盘：使用有编号的品评托盘。

2. 样品编码

样品制备员给每个样品编出三位数的随机代码，每个样品给三个编码，作为三次重复。样品编码实例及供样顺序分别见表 3-8 和表 3-9。在做第二次重复检验时，供样顺序不变，样品编码改用表中第二次检验编码，其余以此类推。

表 3-8　样品编码

样品名称：　　　　　　　　　　　　　　　　　　　　日期：＿＿＿年＿＿＿月＿＿＿日

样品	重复检验编码		
	1	2	3
A	332	407	832
B	271	522	607
C	435	189	379
D	509	738	285
E	861	695	424

表 3-9　供样顺序

品评员	供样顺序	第一次检验时号码顺序				
1	EDCAB	861	509	435	332	271
2	CDBAE	435	509	271	332	861
3	CAEDB	435	332	861	509	271
4	ABDEC	332	271	509	861	435
5	DEACB	509	861	332	435	271
6	BAEDC	271	332	861	509	435
7	EBACD	861	271	332	435	509
8	ACBED	332	435	271	861	509
9	DCABE	509	435	332	271	861
10	EABDC	861	332	271	509	435

3. 品评过程

实验过程中,分发饼干样品给品评员后,每个品评员独立进行品评,并将结果记录在排序检验法问答表中,见表 3-10。每个品评员都有一张单独的排序检验法问答表。

表 3-10　排序检验法问答表

样品名称：_____　　　　检验日期：_____年_____月_____日
品评员：_____

检验内容：
请仔细品评您前面的五种饼干样品,根据它们的色泽、组织状态、气味、口感等综合指标给它们排序,最喜欢的排在左边第 1 位,以此类推,最不喜欢的排在右边最后一位,样品编号填入对应数字下方。

样品排序：　　1(最喜欢)　　　2　　　　3　　　　4　　　　5(最不喜欢)
样品编号：　　_____　_____　_____　_____　_____

五、结果与分析

将品评员对每次检验的每个特性的排序结果进行汇总,并使用 Friedman 检验和 Page 检验对被检验的样品之间是否有显著性差别作出判定。若确定了样品之间存在显著性差异,则需要应用多重比较对样品进行分组,以进一步确定哪些样品之间有显著性差别。

六、说明及注意事项

(1) 品评员不应将不同的样品排为同秩次,应按不同的特性安排不同的顺序。
(2) 控制光线以减小颜色的差别。
(3) 饼干感官质量标准参照 GB 7100—2015。

七、思考题

(1) 简述排序检验法的特点。
(2) 在偏爱度排序实验过程中,若样品有后味或样品的特征十分相似,这时会产生哪些问题?试举例分析。

实验四　分级实验(评分法)

一、实验目的

(1) 学习运用评分法对产品的一个或多个感官指标的强度进行区别。

(2) 结合茶饮料的感官质量标准,掌握运用评分法对茶饮料进行感官质量鉴别的基本原理和实验方法。

二、实验原理

评分法是按预先设定的评价基准,对试样的品质特性或嗜好程度以数字标度进行评价,然后换算成得分的一种方法。在评分法中,所有的数字标度为等距或比率标度,如 1～10 级(10级)、−3～3 级(7级)等数值尺度。该方法不同于其他方法的是所谓的绝对性判断,即根据品评员各自的鉴评基准进行判断。它出现的粗糙评分现象可通过增加品评人数的方法来克服。

进行评分实验时,首先应确定所使用的标度类型,其次要使品评员对每个评分点所代表的意义有共同的认识。样品随机排列,品评员以自身尺度为基准,对产品进行评价。评价结果按选定的标度类型转换成相应的数值,然后通过相应的统计分析方法和检验方法来判断样品间的差异性。此方法应用广泛,可同时评价一种或多种产品的一个或多个指标的强度及其差别。

三、主要仪器设备、实验原料

1. 主要仪器设备

(1) 品评杯。

(2) 托盘。

(3) 清水杯。

(4) 吐液杯。

2. 实验原料

不同品牌的茶饮料。

四、操作方法

1. 主持讲解

实验前主持者参照茶饮料感官质量标准(GB/T 21733—2008),统一茶饮料的感官指标与评分方法。具体评分方法见表 3-11。

表 3-11　茶饮料感官评分方法

分值	7	6	5	4	3	2	1
颜色	红褐	浅红褐	黄褐	浅黄褐	金黄	浅金黄	浅黄绿
外观	混浊,有沉淀	较混浊,稍有沉淀	较混浊,少量沉淀	有点混浊,少量沉淀	透明,少量沉淀	透明,极少量沉淀	透明,无沉淀

分值	7	6	5	4	3	2	1
气味	浓的茶香味	较浓的茶香味	淡的茶香味	非常淡的茶香味	无茶香味,气味变化	有点腐臭味	腐臭味
风味	醇香浓厚	香爽,茶味适中	茶味较淡	茶味不足	无茶味,味道变化	味道稍涩	味道很涩
甜味	很甜	甜	比较甜	适中	有点甜	微甜	无甜味
酸味	很酸	酸	比较酸	适中	有甜酸	微酸	无酸味
苦味	很苦	苦	比较苦	有点苦	微苦	基本无苦味	无苦味
稠度	很厚	厚	比较厚	适中	有点稀	稀	很稀
口腔延迟感觉	很清爽	清爽	比较清爽	有点清爽	一点点清爽	基本上没清爽的感觉	没有清爽的感觉
生理上的延时感觉	很提神	提神	比较提神	有点提神	一点点提神	基本上没有提神的感觉	没有提神的感觉

2. 样品呈送与品评

将样品根据随机数码表进行三位数随机编号后,呈送给品评员,对产品各项感官指标进行评定,每次不超过 5 个样品。

(1) 将不同茶饮料倒入玻璃杯中。先对外观、颜色进行评价。

(2) 品尝。在口中停留一段时间,从舌尖、舌两侧到舌根分别对饮料的甜、酸、苦等进行评价,后咽入一小口,对后感进行评价。同一品评员对同一样品应评五次以上,超过 50% 以上的评定意见才能作为最后的评定结果。每次评定前应用纯净水漱口。

(3) 根据表 3-11 的评分标准进行打分,填写表 3-12。

表 3-12　茶饮料评分记录表

组:＿＿＿＿＿＿　　品评员:＿＿＿＿＿＿　　评价日期:＿＿＿＿年＿＿＿月＿＿＿日

编号	713	467	275	128	310
颜色					
外观					
气味					
风味					
甜味					
酸味					
苦味					
稠度					
口腔延迟感觉					
生理上的延迟感觉					

五、结果与分析

（1）将不同品评员对同一样品的评定结果进行简单的统计，并得出每个特性的总分数和平均分数，最后画出雷达图来表示每个特性的强度。

（2）以小组为单位，利用方差分析，分析样品之间及品评员之间的差异。

六、说明及注意事项

（1）在品评员之间，统一各性状强弱的程度和与之对应的分值，每个品评员都要尽可能准确地理解每个描述词。

（2）品评时，按照记录表上特性的排列顺序认真地品评，再给每个特性打分，所给的分数要尽量准确地代表自己的感觉。

（3）评定每个样品时，打分一定要客观，不能认为不同的样品就要有不同的分数。

（4）茶饮料感官质量标准参照 GB/T 21733—2008。

七、思考题

（1）在评分法评价茶饮料实验中，还有哪些感官特性需要评定？

（2）在评分法评价茶饮料实验评定的特性中，还有什么更好的描述词来描述茶饮料的特性？

实验五　定量描述分析实验

一、实验目的

（1）掌握定量描述分析法的含义以及分析方法。

（2）对市售火腿进行风味、质地、外观的描述性感官评价，掌握定量描述分析法对市售火腿感官品质特性强度进行评价的主要程序。

二、实验原理

定量描述分析（quantitative descriptive analysis，QDA）是在风味剖面和质地剖面的基础上引入统计分析，对产品感官特性各项指标进行描述的分析方法。首先建立描述词汇，召集所有品评员，提供所有代表性样品或参比标准品，品评员对其进行观察，然后每个人对产品进行描述，轮流给出描述词汇并进行汇总。经讨论后对描述词汇进行修订，给出词汇定义，并确定强度的等级范围。

正式进行实验时，品评员单独评价样品，对产品每项性质（每个描述词汇）进行打分。使用的标度通常是一条长 15 cm 的线段，起点和终点分别位于距离线段两端 1.5 cm 处，一般是从左向右强度逐渐增加，品评员就在这条线段上作出能代表产品该项性质强度的标记。实验结束后，将标度上的刻度转化成数值输入计算机。将各个品评员的评价结果集中进行方差分析，实验结果通常以蜘蛛网形图来表示，由图的中心向外有一些放射状的线，表示每个感官特性，线的长短代表强度的大小。

三、主要仪器设备、实验原料

1. 主要仪器设备
(1) 品评托盘。
(2) 清水杯。
(3) 吐液杯。
2. 实验原料
市售火腿一种。

四、操作方法

1. 样品准备
(1) 样品制备：将火腿用刀切成 1 cm 厚的薄片。
(2) 样品贮藏：样品的温度应保持一致。
2. 建立描述词汇

选取有代表性的火腿样品，品评员轮流对其进行品尝，每人轮流给出描述词汇，然后选定5~8个能确切描述火腿感官特性的特征词汇，并确定强度等级范围，重复7~10次后，形成一份大家都认可的描述词汇表。

3. 评审

将样品用托盘盛放，呈送给品评员，重复三次。各品评员对样品的每种指标强度进行评价，结果记录于表 3-13。最后将所有品评员的评价结果汇总于表 3-14。

表 3-13　描述性检验记录表

样品编号：＿＿＿＿＿＿　　　　品评员：＿＿＿＿＿＿　　　　品评日期：＿＿＿＿＿＿

强度	5	4	3	2	1
色泽	暗黑	暗红	深红	中性红	鲜红
香气	很不习惯	习惯	吸引人	一般	无感觉
口味	太强烈	较强烈	适合	较淡	无味
硬度	太硬	较硬	适中	较软	太软
弹性	强	较强	适中	弱	无弹性

注：评价样品后，在产品特性描述相符的描述词后打钩。

表 3-14　数据汇总表

品评员	色泽	香气	口味	硬度	弹性
1					
2					
3					
4					

续表

品评员	色泽	香气	口味	硬度	弹性
5					
6					
7					
8					
9					
10					
平均值					
标准偏差					
最大值					
最小值					

（1）观察样品的颜色。

（2）用手沿直径方向按压样品，感觉其硬度。

（3）用刀将样品切成 5 mm 厚的薄片，并采用直接嗅觉法评价样品的香气。香气的评价方法：采用直接嗅觉法。品评员应当闭上嘴巴，用鼻子吸嗅挥发气味，不规定吸嗅的方法，只要在适当的时间间隔内用同样的方式即可。

（4）用手指轻轻按压样品薄片，感觉其弹性。

（5）品评口味：将切成 5 mm 厚的薄片放入口中进行品尝，在口中充分咀嚼后咽入。每次品尝完后，用水漱口。

以上各步骤，进行结束后立即在品评表中适当描述词处打钩。

五、结果与分析

（1）以小组为单位，进行统计结果分析，评价品评员的重复性。

（2）讨论协调后，得出样品的总体评价。

（3）绘制 QDA 图（蜘蛛网形图）。

六、说明及注意事项

注意切割样品的方式，应沿样品的直径方向切割。

七、思考题

（1）如何才能有效制定某产品感官定量描述分析的描述词汇表？

（2）影响定量描述分析法描述食品各种感官特性的因素主要有哪些？

第四章　物理检验法

食品的物理特性主要可以分为两类:一类是食品的物理常数与食品的成分及含量之间存在一定的关系,可以通过测定物理常数间接地反映食品的成分及含量,这类物理特性主要有相对密度、折射率、旋光度等;另一类是食品的某些物理量可反映该食品的品质,是食品质量及感官评价的重要指标,这类物理特性主要有色度、黏度和质构等。

实验一　液体食品相对密度的测定(密度计法)[*]

一、实验目的

(1)掌握用乳稠计来测定液体食品相对密度的方法。
(2)掌握用波美计来测定液体食品相对密度的方法。
(3)使用乳稠计测定生乳的稠度并计算其相对密度。
(4)使用波美计测定多种液体食品的波美度并计算其相对密度。

二、实验原理

采用密度计法可测定液体食品的相对密度。根据阿基米德原理,液体相对密度越大则浮力越大,密度计伸出液面也越多;反之,液体相对密度越小则浮力越小,密度计伸出液面也越少。可以从密度计的标尺读数。使用乳稠计检测生乳样品的稠度,使用波美计检测液体食品样品的波美度。如果检测温度不是标准温度,需要把乳稠计和波美计读数换算为标准温度下的稠度和波美度,再代入相关公式计算,得到相对密度值。

三、适用范围

乳稠计法适用于牛奶、羊奶等多种动物乳汁相对密度的测定,波美计法适用于果汁、糖水、蜂蜜、食盐水等多种液体食品相对密度的测定。

四、主要仪器设备、实验原料

1. 主要仪器设备
(1)乳稠计(20 ℃/4 ℃):量程有 0°～25°和 15°～45°两种规格。
(2)波美计:有重表($d_4^{20}>1$)和轻表($d_4^{20}<1$)两种。
(3)玻璃圆筒或 200～250 mL 量筒:圆筒高度应大于乳稠计和波美计的长度,其直径大小应使其在沉入乳稠计和波美计时周边和圆筒内壁的距离不小于 5 mm。
(4)温度计:0～100 ℃。
(5)恒温水浴锅:控温精度± 0.1 ℃。

---

[*]　本实验参考 GB 5009.2—2016 第三法。

2. 实验原料

牛奶、羊奶、果汁、蜂蜜、食盐水等多种液体食品。

五、操作方法

1. 生乳相对密度的测定（乳稠计法）

将乳样在 40 ℃水浴锅中加热 5 min，仔细混匀，取混匀并调节温度为 10～25 ℃的试样，小心倒入玻璃圆筒或 200～250 mL 量筒内，勿使其产生泡沫，测量生乳试样温度。小心将乳稠计（20 ℃/4 ℃）放入试样中到相当刻度 30°处，然后让其自然浮动，但不能与筒内壁接触。静置 2～3 min，眼睛平视生乳液面，读取对应的数值，同时用温度计测量生乳试样的温度。乳稠计（20 ℃/4 ℃）测定的标准温度是 20 ℃，此时乳稠计刻度称为稠度；测定温度高于 20 ℃或低于 20 ℃时，乳稠计刻度称为读数。在 10～25 ℃范围内，温度高于 20 ℃时，稠度＝读数＋补正值；温度低于 20 ℃时，稠度＝读数－补正值。一般简单的校正计算方法就按照温度比 20 ℃每±1 ℃，其稠度＝读数±0.2°，即稠度＝读数＋0.2°×（实际测定温度/℃－20）。也可以根据生乳试样的温度和乳稠计（20 ℃/4 ℃）读数查表 4-1 换算成 20 ℃时的稠度值。

表 4-1　乳稠计（20 ℃/4 ℃）读数变为温度 20 ℃时的度数换算表

乳稠计读数/(°)	生乳温度/ ℃															
	10	11	12	13	14	15	16	17	18	19	20	21	22	23	24	25
25	23.3	23.5	23.6	23.7	23.9	24.0	24.2	24.4	24.6	24.8	25.0	25.2	25.4	25.5	25.8	26.0
26	24.2	24.4	24.5	24.7	24.9	25.0	25.2	25.4	25.6	25.8	26.0	26.2	26.4	26.6	26.8	27.0
27	25.1	25.3	25.4	25.6	25.7	25.9	26.1	26.3	26.5	26.8	27.0	27.2	27.5	27.7	27.9	28.1
28	26.0	26.1	26.3	26.5	26.6	26.8	27.0	27.3	27.5	27.8	28.0	28.2	28.5	28.7	29.0	29.2
29	26.9	27.1	27.3	27.5	27.6	27.8	28.0	28.3	28.5	28.8	29.0	29.2	29.5	29.7	30.0	30.2
30	27.9	28.1	28.3	28.5	28.6	28.8	29.0	29.3	29.5	29.8	30.0	30.2	30.5	30.7	31.0	31.2
31	28.8	28.0	29.2	29.4	29.6	29.8	30.0	30.2	30.4	30.8	31.0	31.2	31.5	31.7	32.0	32.2
32	29.3	30.0	30.2	30.4	30.6	30.7	31.0	31.2	31.5	31.8	32.0	32.3	32.5	32.8	33.0	33.3
33	30.7	30.8	31.1	31.2	31.5	31.7	32.0	32.2	32.5	32.8	33.0	33.3	33.5	33.8	34.1	34.3
34	31.7	31.9	32.1	32.3	32.5	32.7	33.0	33.2	33.5	33.8	34.0	34.3	34.4	34.8	35.1	35.3
35	32.6	32.8	33.1	33.3	33.5	33.7	34.0	34.2	34.5	34.7	35.0	35.3	35.5	35.8	36.1	36.3
36	33.5	33.8	34.0	34.3	34.5	34.7	34.9	35.2	35.6	35.7	36.0	36.2	36.5	36.7	37.0	37.3

2. 液体食品相对密度的测定（波美计法）

相对密度小于 1 的液体食品，用波美计轻表进行测定；相对密度大于 1 的液体食品，用波美计重表进行测定。将混合均匀的待测液体食品样液沿筒壁徐徐注入适当容积的清洁量筒中，注意避免起泡沫。将波美计洗净擦干，缓缓放入样液中，待其静止后，再轻轻按下少许，然后待其自然上升，静止并且无气泡冒出后，从水平位置读取与样液弯月面下缘最低点相交处的刻度值，同时用温度计测量液体食品样液的温度。波美计测定的标准温度是 20 ℃，此时波美计刻度称为波美度；测定温度高于 20 ℃或低于 20 ℃时，波美计刻度称为读数。温度高于 20 ℃

时,波美度＝读数＋补正值;温度低于 20 ℃时,波美度＝读数－补正值。一般简单的校正计算方法就按照温度比 20 ℃每±1 ℃,其波美度＝读数±0.05°Bé,即波美度＝读数＋0.05°Bé×(实际测定温度/ ℃－20)。也可以查表 4-2 换算成 20 ℃时的波美度值。

表 4-2　温度与波美度补正表

温度/ ℃	波美度补正值/°Bé	温度/ ℃	波美度补正值/°Bé
3	－0.75	19	－0.05
4	－0.71	20	0
5	－0.67	21	0.05
6	－0.63	22	0.10
7	－0.59	23	0.15
8	－0.55	24	0.21
9	－0.51	25	0.27
10	－0.47	26	0.33
11	－0.43	27	0.39
12	－0.39	28	0.45
13	－0.35	30	0.57
14	－0.30	31	0.63
15	－0.25	32	0.69
16	－0.20	33	0.75
17	－0.15	34	0.81
18	－0.10	35	0.87

六、计算

1. 牛奶相对密度(乳稠计法)

相对密度(d_4^{20})与乳稠计(20 ℃/4 ℃)刻度关系式如下:

$$d_4^{20} = \frac{X}{1000} + 1.000 \tag{4-1}$$

式中:d_4^{20}——液体食品样品的相对密度,20 ℃时的真密度;

X——乳稠计(20 ℃/4 ℃)读数。

当用 20 ℃/4 ℃乳稠计,测定温度在 20 ℃时,此时读数就是 20 ℃时的稠度值,将其代入式(4-1)即可直接计算相对密度;测定温度不在 20 ℃时,要先将读数换算成 20 ℃时的稠度值,然后再代入式(4-1)计算相对密度。

2. 液体食品相对密度(波美计法)

(1) 相对密度小于 1 的液体食品。

$$d_4^{20} = d_{20}^{20} \times 0.99823 = \frac{145}{145 + X} \times 0.99823 \tag{4-2}$$

式中：d_4^{20}——液体食品样品的相对密度，20 ℃时的真密度；

d_{20}^{20}——液体食品样品的相对密度，20 ℃时的视密度；

X——波美计读数；

0.99823——纯水在 20 ℃时的密度，g/mL。

（2）相对密度大于 1 的液体食品。

$$d_4^{20} = d_{20}^{20} \times 0.99823 = \frac{145}{145 - X} \times 0.99823 \tag{4-3}$$

式中：d_4^{20}——液体食品样品的相对密度，20 ℃时的真密度；

d_{20}^{20}——液体食品样品的相对密度，20 ℃时的视密度；

X——波美计读数；

0.99823——纯水在 20 ℃时的密度，g/mL。

测定温度在 20 ℃时，其读数就是 20 ℃时的波美度值，将其代入式(4-2)或式(4-3)即可直接计算相对密度；测定温度不在 20 ℃时，要先将读数换算成 20 ℃时的波美度值，然后代入式(4-2)或式(4-3)计算相对密度。

七、说明及注意事项

（1）要根据液体食品样品大概的相对密度范围选择量程合适的密度计。

（2）液体食品应沿筒壁缓缓注入，待测液中不能有气泡，如有气泡应待气泡消失后再读数。

（3）容器要放在水平位置，操作时不要让密度计接触量筒壁及底部。

（4）如牛乳温度不在 10～25 ℃，要把乳样加热或降温到 10～25 ℃再检测，牛乳温度为 20 ℃左右时检测结果最准确。

（5）读数时视线保持水平，以样液的弯月面下缘为准；当液体颜色较深，不易看清弯月面下缘时，则以弯月面上缘为准。

（6）如测得的温度不是标准温度，应对测得值加以校正。

（7）本方法操作简便迅速，准确性不是很好，需要样液多，不适用于极易挥发的液体食品样品。

八、思考题

（1）为什么用密度计测相对密度时待测液体食品中不能有气泡？

（2）总结牛奶稠度的测定值随温度的变化规律。

（3）总结波美度的测定值随温度的变化规律。

实验二 液体食品中酒精度的测定（酒精计法）*

一、实验目的

（1）掌握使用全玻璃蒸馏器对液体食品进行蒸馏的方法。

（2）使用酒精计测定不同温度下酒精溶液的酒精度，理解酒精度的测定值与温度的关系。

---

* 本实验参考 GB 5009.225—2016 第二法。

（3）掌握使用酒精计测定蒸馏酒、发酵酒（除啤酒以外）和配制酒等液体食品中酒精度的方法。

二、实验原理

酒精溶液可以直接用酒精计测定其酒精度（20 ℃时乙醇的体积分数），蒸馏酒、发酵酒（除啤酒以外）和配制酒等液体食品样品需要经过蒸馏去除样品中不挥发性物质，再用酒精计测出其馏出液中乙醇体积分数示值，然后进行温度校正，求得这些液体食品在 20 ℃时的酒精度值。

三、适用范围

本方法适用于酒精溶液、蒸馏酒、发酵酒（除啤酒以外）和配制酒等液体食品样品中酒精度的测定。

四、主要仪器设备、实验原料

1. 主要仪器设备

（1）精密酒精计：分度值为 0.1%（体积分数）。

（2）量筒：100～200 mL。

（3）温度计：0～100 ℃。

（4）电炉。

（5）全玻璃蒸馏器：500 mL、1000 mL。

（6）容量瓶：100 mL、200 mL。

2. 实验原料

酒精溶液、白酒、黄酒、葡萄酒等。

五、操作方法

1. 酒精溶液

取一个洁净、干燥的 100 mL 容量瓶，准确量取一定浓度混合均匀的待测酒精溶液 100 mL，备用。将酒精溶液沿筒壁徐徐注入洁净、干燥的 100 mL 量筒中，静置数分钟，待酒中气泡消失后，将酒精计洗净擦干，缓缓放入酒精溶液中，待其静止后，再轻轻按下少许，不应让其接触量筒壁，然后待其自然上升，同时插入温度计，平衡约 5 min，水平观测，读取与弯月面相切处的刻度示值，同时记录测定温度。用酒精计分别测量酒精溶液在 20 ℃以下（10 ℃左右）、20 ℃、20 ℃以上（30 ℃左右）三个不同温度的酒精度测定值，得出酒精度测定值随温度变化的规律。查酒精计包装盒中的酒精计温度浓度换算表或国家标准 GB 5009.225—2016 中的附录 B，对测定值加以校正，并将校正值和实际温度 20 ℃时的测定值进行对比，分析产生误差的原因。

2. 蒸馏酒样品

取一个洁净、干燥的 100 mL 容量瓶，准确量取蒸馏酒样品（液温 20 ℃）100 mL，置于 500 mL 蒸馏瓶中；用 50 mL 水分三次冲洗容量瓶，洗液并入蒸馏瓶中；加几颗沸石（或玻璃珠），连接蛇形冷凝管，以取样用的原容量瓶作接收器（外加冰浴），开启冷却水（冷却水温度宜低于 15 ℃），缓慢加热蒸馏，收集馏出液。当接近刻度时，取下容量瓶，盖塞，于 20 ℃水浴中保温 30 min,再补加水至刻度,混匀备用。

将馏出液注入洁净、干燥的 100 mL 量筒中,静置数分钟,待酒中气泡消失后,放入洁净、擦干的酒精计,再轻轻按一下,不应让其接触量筒壁,同时插入温度计,平衡约 5 min,水平观测,读取与弯月面相切处的刻度示值,同时记录测定温度。如测定温度不为标准温度 20 ℃,查酒精计包装盒中的酒精计温度浓度换算表或国家标准 GB 5009.225—2016 中的附录 B,对测定值加以校正,得到馏出液标准温度 20 ℃时的酒精度,即为蒸馏酒样品的酒精度。

3.发酵酒(除啤酒以外)和配制酒样品

取一个洁净、干燥的 200 mL 容量瓶,准确量取 200 mL(具体取样量应按酒精计的要求增减)样品(液温 20 ℃)于 500 mL 或 1000 mL 蒸馏瓶中;用 50 mL 水分三次冲洗容量瓶,洗液并入蒸馏瓶中;加几颗沸石(或玻璃珠),连接蛇形冷凝管,以取样用的原容量瓶作接收器(外加冰浴),开启冷却水(冷却水温度宜低于 15 ℃),缓慢加热蒸馏,收集馏出液。当接近刻度时,取下容量瓶,盖塞,于 20 ℃水浴中保温 30 min,再补加水至刻度,混匀备用。

将馏出液注入洁净、干燥的 200 mL 量筒中,静置数分钟,待酒中气泡消失后,放入洁净、擦干的酒精计,再轻轻按一下,不应让其接触量筒壁,同时插入温度计,平衡约 5 min,水平观测,读取与弯月面相切处的刻度示值,同时记录测定温度。如测定温度不为标准温度 20 ℃,查酒精计包装盒中的酒精计温度浓度换算表或国家标准 GB 5009.225—2016 中的附录 B,对测定值加以校正,得到馏出液标准温度 20 ℃时的酒精度,即为发酵酒(除啤酒以外)和配制酒样品的酒精度。

六、数据记录及处理

测定温度不为标准温度 20 ℃时,根据测得的酒精计示值和温度,查酒精计盒中的酒精计温度浓度换算表或国家标准 GB 5009.225—2016 中的附录 B,对测定值加以校正。把测定值和校正值分别填入表 4-3。

表 4-3　酒精溶液、蒸馏酒、发酵酒、配制酒样品酒精计测定值和校正值

液体食品 样品名称	酒精度测定值 和校正值	温度		
		20 ℃以下	20 ℃	20 ℃以上
	测定值			
	校正值			
	测定值			
	校正值			
	测定值			
	校正值			
	测定值			
	校正值			
	测定值			
	校正值			

七、说明及注意事项

(1) 酒精溶液可以直接用酒精计测其酒精度,蒸馏酒、发酵酒(除啤酒以外)和配制酒样品需要经过蒸馏后再用酒精计测其馏出液的酒精度。

(2) 酒精计法操作简便,需要样液多,不适用于酒精含量较低的液体食品样品。

(3) 要根据样品大概的酒精度范围选择量程合适的酒精计。

(4) 被测样液应沿筒壁缓缓注入,待测液中不能有气泡。

(5) 容器要放在水平位置,操作时酒精计不要接触量筒壁及底部。

(6) 读数时以酒精计与液体形成的弯月面下缘为准。

(7) 如测定时的温度不为标准温度,应对测定值加以校正。

八、思考题

(1) 酒精计刻度单位和其他密度计的刻度单位有什么不同?

(2) 总结酒精度的测定值随温度的变化规律。

(3) 分析酒精度测定时产生误差的可能原因。

实验三　果汁中糖含量的测定(折光法)*

一、实验目的

(1) 加深对全反射原理和临界角定义的理解。

(2) 了解阿贝折光仪和手持式折光仪(手持式糖度计)的构造和测量原理,熟悉其使用方法。

(3) 掌握使用阿贝折光仪和手持式糖度计测定果汁中糖含量(可溶性固形物含量)的方法。

二、实验原理

用折光仪测定果汁样液(20 ℃)的折射率,从显示器或刻度尺上读出果汁样液的糖含量,以蔗糖的质量百分数(Brix)表示。当测定温度不为标准温度 20 ℃时,需查表进行校正。

三、适用范围

本方法适用于果汁中糖含量(可溶性固形物含量)的测定。

四、实验试剂、主要仪器设备、实验原料

1. 实验试剂**

乙醇或乙醚。

2. 主要仪器设备

(1) 2WAJ 型单目阿贝折光仪:测量范围(Brix)为 0~95%。

(2) WYT 型系列手持式糖度计:有测量范围(Brix)为 0~10%、0~15%、0~32%、0~50%、0~80%等多种规格。

---

　*　本实验参考 NY/T 2637—2014 和 GB/T 12143—2008。

　**　除非另有说明,本书实验所用试剂均为分析纯,水为 GB/T 6682 规定的三级水。

（3）滴管。

（4）纱布、柔软绒布、棉签、擦镜纸。

（5）高速组织捣碎机。

（6）天平：感量为 0.01 g。

3. 实验原料

苹果汁、梨汁、橘子汁、橙汁等果汁。

五、操作方法

1. 阿贝折光仪

1）样品制备

将水果洗净、擦干，取可食部分切碎、混匀，称取适量试样（含水量高的试样一般称取 250 g；含水量低的试样一般称取 125 g，加入适量蒸馏水），放入高速组织捣碎机捣碎，用两层擦镜纸或四层纱布挤出匀浆果汁待测定。

2）仪器校准

校正阿贝折光仪常用蒸馏水和溴代萘（仪器厂家提供）两种物质。用蒸馏水对阿贝折光仪进行校正，就是用测定蒸馏水折射率的方法对阿贝折光仪进行校正，即在标准温度 20 ℃下折光仪应表示出水的折射率为 1.33299 或可溶性固形物为 0，若校正时温度不为 20 ℃，应查蒸馏水的折射率表（见表 4-4），以该温度下蒸馏水的折射率进行校正。对折射率读数较高的折光仪，利用具有一定折射率的标准玻璃块（仪器附件），使用溴代萘来校正。2WAJ 型单目阿贝折光仪的构造见图 4-1(a)，下面以此为例来介绍阿贝折光仪的校正和测量，其他型号阿贝折光仪的校正和测量步骤按照其使用说明书进行。

表 4-4　不同温度下蒸馏水的折射率

温度/ ℃	蒸馏水折射率	温度/ ℃	蒸馏水折射率	温度/ ℃	蒸馏水折射率
10	1.33371	17	1.33324	24	1.33263
11	1.33363	18	1.33316	25	1.33253
12	1.33359	19	1.33307	26	1.33242
13	1.33353	20	1.33299	27	1.33231
14	1.33346	21	1.33290	28	1.33220
15	1.33339	22	1.33281	29	1.33208
16	1.33332	23	1.33272	30	1.33196

以蒸馏水在标准温度 20 ℃下对 2WAJ 型单目阿贝折光仪进行校正，具体操作步骤如下：将阿贝折光仪置于靠窗的桌子或白炽灯前，揭开辅助棱镜，使其磨砂的斜面处于水平位置，用柔软绒布或棉签取少量乙醇或乙醚溶液清洗棱镜指示面，用擦镜纸或脱脂棉球轻轻吸干镜面，待镜面干燥后，滴加数滴蒸馏水于测量棱镜的平镜面中央，闭合辅助棱镜，使蒸馏水液层均匀、无气泡，并充满视野；调整恒温装置使测定温度为标准温度 20 ℃；打开辅助棱镜上方的遮光板，将阿贝折光仪对准亮光处，让光线进入，从目镜中观察并转动目镜上的调节旋钮，使视野最亮；转动折射率刻度调节手轮使读数指示于蒸馏水的折射率 1.33299，转动消色散旋钮，使视野

内呈现一个清晰的明暗分界线。若此时明暗分界线正好处在十字交叉点上,不需要校正;若此时明暗分界线不在十字交叉点上,可用专用螺丝刀慢慢旋转折光仪背面的调零螺丝,直至明暗分界线恰好处在十字交叉点上(见图 4-1(b)),在后续测定过程中不允许再旋动调零螺丝。

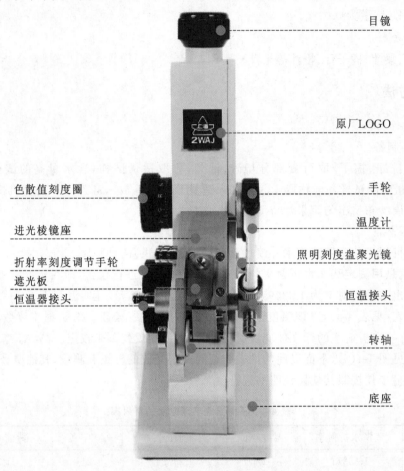

目镜

原厂LOGO

色散值刻度圈

进光棱镜座

折射率刻度调节手轮

遮光板

恒温器接头

手轮

温度计

照明刻度盘聚光镜

恒温接头

转轴

底座

(a) 2WAJ型单目阿贝折光仪构造

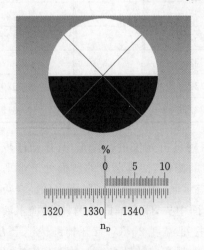

(b) 校正调零视野

(c) 样品测定视野

图 4-1　2WAJ 型单目阿贝折光仪的构造、校正调零视野和样品测定视野

3）样液测定

仪器校正好后,揭开辅助棱镜,以擦镜纸或脱脂棉球吸干校正时加的蒸馏水;待镜面干燥后,滴加 1～2 滴果汁样液于下面棱镜的中央,迅速闭合两块棱镜,使果汁样液均匀、无气泡,并充满视野;调整恒温装置使样液温度为标准温度 20 ℃;打开辅助棱镜上方的遮光板,将阿贝折光仪对准亮光处,让光线进入,从目镜中观察并转动目镜上的调节旋钮,使视野最亮;转动折射率刻度调节手轮,使视野出现明暗两部分;旋转消色散调节旋钮,使视场内只有黑白两色,呈现一个清晰的明暗分界线;慢慢旋转折射率刻度调节手轮,使明暗分界线恰好处在十字交叉点上,此时,从目镜读取果汁样液糖含量(质量百分数),见图 4-1(c)。转动折射率刻度调节手轮,至少重复测定两次,然后取平均值。打开棱镜,用柔软绒布或棉签取水、乙醇或乙醚擦净棱镜表面及其他各机件,合上棱镜,盖上遮光板。

果汁样液测定温度不为 20 ℃时,查表 4-5 中的温度校正值进行换算。

表 4-5　20 ℃时糖含量(可溶性固形物含量)对温度的校正表

温度/ ℃	糖含量(可溶性固形物含量)/(%)														
	0	5	10	15	20	25	30	35	40	45	50	55	60	65	70
温度低于 20 ℃时应减去之校正值															
10	0.50	0.54	0.58	0.61	0.64	0.66	0.68	0.70	0.72	0.73	0.74	0.75	0.76	0.78	0.79
11	0.46	0.49	0.53	0.55	0.58	0.60	0.62	0.64	0.65	0.66	0.67	0.68	0.69	0.70	0.71
12	0.42	0.45	0.48	0.50	0.52	0.54	0.56	0.57	0.58	0.59	0.60	0.61	0.61	0.63	0.63
13	0.37	0.40	0.42	0.44	0.46	0.48	0.49	0.50	0.51	0.52	0.53	0.54	0.54	0.55	0.55
14	0.33	0.35	0.37	0.39	0.40	0.41	0.42	0.43	0.44	0.45	0.45	0.46	0.46	0.47	0.48
15	0.27	0.29	0.31	0.33	0.34	0.34	0.35	0.36	0.37	0.37	0.38	0.39	0.39	0.40	0.40
16	0.22	0.24	0.25	0.26	0.27	0.28	0.28	0.29	0.30	0.30	0.30	0.31	0.31	0.32	0.32
17	0.17	0.18	0.19	0.20	0.21	0.21	0.21	0.22	0.22	0.23	0.23	0.23	0.23	0.24	0.24
18	0.12	0.13	0.13	0.14	0.14	0.14	0.14	0.15	0.15	0.15	0.15	0.16	0.16	0.16	0.16
19	0.06	0.06	0.06	0.07	0.07	0.07	0.07	0.08	0.08	0.08	0.08	0.08	0.08	0.08	0.08
温度高于 20 ℃时应加上之校正值															
21	0.06	0.07	0.07	0.07	0.07	0.08	0.08	0.08	0.08	0.08	0.08	0.08	0.08	0.08	0.08
22	0.13	0.13	0.14	0.14	0.15	0.15	0.15	0.15	0.15	0.16	0.16	0.16	0.16	0.16	0.16
23	0.19	0.20	0.21	0.22	0.22	0.23	0.23	0.23	0.23	0.24	0.24	0.24	0.24	0.24	0.24
24	0.26	0.27	0.28	0.29	0.30	0.30	0.31	0.31	0.31	0.31	0.31	0.32	0.32	0.32	0.32
25	0.33	0.35	0.36	0.37	0.38	0.38	0.39	0.40	0.40	0.40	0.40	0.40	0.40	0.40	0.40
26	0.40	0.42	0.43	0.44	0.45	0.46	0.47	0.48	0.48	0.48	0.48	0.48	0.48	0.48	0.48
27	0.48	0.50	0.52	0.53	0.54	0.55	0.55	0.56	0.56	0.56	0.56	0.56	0.56	0.56	0.56
28	0.56	0.57	0.60	0.61	0.62	0.63	0.63	0.64	0.64	0.64	0.64	0.64	0.64	0.64	0.64
29	0.64	0.66	0.68	0.69	0.71	0.72	0.72	0.73	0.73	0.73	0.73	0.73	0.73	0.73	0.73
30	0.72	0.74	0.77	0.78	0.79	0.80	0.80	0.81	0.81	0.81	0.81	0.81	0.81	0.81	0.81

2.手持糖度计

1）样品制备

同上。

2）仪器校准

WYT 型系列手持式糖度计的构造如图 4-2(a)所示,下面以此为例来介绍手持式折光仪的校正和测量,其他型号手持式折光仪的校正和测量步骤按照其使用说明书进行。以蒸馏水对 WYT 型系列手持式糖度计进行校正,具体操作步骤如下:打开透明盖板,用柔软绒布或棉签取少量乙醇和乙醚溶液清洗检测棱镜,用擦镜纸或脱脂棉球轻轻吸干镜面;待镜面干燥后,在镜面中央滴加数滴蒸馏水,轻轻合上盖板,使蒸馏水液层均匀,充满视野,避免产生气泡;将仪器进光板对准光源或明亮处,通过目镜观察视野,如果视野发生色散,调节视度调节手轮,使视野的蓝白分界线清晰,用专用螺丝刀旋动调零螺丝使蓝白分界线与"0"刻度线准确重合,见图 4-2(b)。

3）样液测定

用擦镜纸或脱脂棉球把校正好的手持式糖度计检测棱镜上的蒸馏水轻轻吸干;待镜面干燥后,在镜面中央滴加数滴待测果汁溶液,轻轻合上盖板,避免产生气泡,使果汁溶液均匀遍布棱镜表面;将仪器进光板对准光源或明亮处,通过目镜观察视野,如果视野发生色散,调节视度调节手轮,使视野的蓝白分界线清晰,分界线对准的刻度值即为果汁溶液的糖含量(％),见图 4-2(c)。至少重复测定两次,然后取平均值,同时记录测定温度,测定温度不为 20 ℃时,查表 4-5 进行换算。打开棱镜,用柔软绒布或棉签取水、乙醇或乙醚擦净棱镜表面及其他机件,合上盖板。

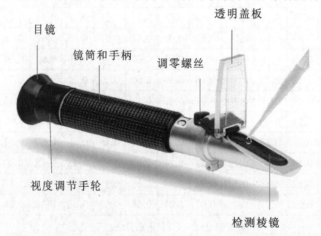

（a）WYT型系列手持式糖度计构造

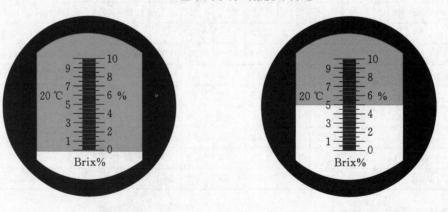

（b）校正调零视野　　　　　　　　　　（c）样品测定视野

图 4-2　WYT 型系列手持式糖度计的构造、校正调零视野和样品测定视野

六、计算

1.有温度自动补偿功能的折光仪

对于未经稀释过的水果样品,折光仪读数(20 ℃)即为其糖含量。对于加蒸馏水稀释过的水果样品,其糖含量按下式计算:

$$X = P \times \frac{m_0 + m_1}{m_0} \tag{4-4}$$

式中:X——水果样品中糖含量,%;

P——实测匀浆果汁糖含量,%;

m_0——水果试样质量,g;

m_1——水果试样中加入蒸馏水的质量,g。

注:常温下蒸馏水的密度按 1 g/mL 计。

2.无温度自动补偿功能的折光仪

根据记录的测定温度,从表4-5中查出校正值。对于未经稀释过的水果样品,测定温度低于20 ℃时,折光仪读数减去校正值即为水果样品糖含量;测定温度高于 20 ℃时,折光仪读数加上校正值即为水果样品糖含量。对于加蒸馏水稀释过的水果样品,其糖含量按式(4-4)计算。

七、说明及注意事项

(1)仪器使用前应先检查进光棱镜的磨砂面、折射棱镜及标准玻璃块的光学面是否干净,如有污迹用酒精或乙醚擦拭干净。

(2)折光仪可以通过蒸馏水调零方法加以校正,也可用一种已知折射率的标准液体来进行校正。

(3)试样的成分对折射率的影响是非常大的。由于沾污或试样中易挥发组分的蒸发,致使试样组分发生微小的改变,会导致读数不准,因此,每个试样都需要进行至少两次的重复测定,然后取平均值。

(4)读数时,在光亮处进行,注意调整好色散旋钮,使视野清晰分明。阿贝折光仪校正和测量时要使明暗分界线准确地处于十字交叉点上,手持式糖度计校正时要使蓝白分界线与“0”刻度线准确重合。

(5)在使用中必须小心谨慎,严格按说明书操作,不得任意松动仪器各连接部分,不得跌落、碰撞,严禁发生剧烈震动。对于光学表面,不能用手触摸,沾取样品的玻璃棒必须是圆头的,用滴管时勿使滴管碰撞镜面,以防碰伤或划伤棱镜。必要时可用擦镜纸或脱脂棉球轻轻吸干镜面,但切勿用滤纸,以免擦花镜面。

(6)使用完毕后,严禁直接放入水中清洗,应用干净的柔软绒布或棉签将棱镜表面和标准玻璃块擦拭干净,将目镜套上镜头保护纸,整个仪器放入盒内压紧装好,置于干燥、无腐蚀气体的地方保管,避免零备件丢失。

八、思考题

(1)阿贝折光仪校正和测量时明暗分界线恰好处在十字交叉点上说明了什么?

(2)分析造成本实验测定误差的主要原因。

(3)总结折射率随温度变化的规律。

实验四　味精纯度的测定(旋光法)*

一、实验目的

(1) 掌握旋光法测定味精纯度的方法。
(2) 熟练掌握旋光仪的使用方法。
(3) 理解造成旋光法测定误差的主要原因。

二、实验原理

谷氨酸钠分子中含有一个不对称碳原子,具有光学活性,能使偏振光的偏振面旋转一定角度,因此可用旋光仪测定旋光度,根据旋光度换算谷氨酸钠的含量,得到味精纯度。

三、适用范围

本方法适用于味精中谷氨酸钠纯度的测定。

四、实验试剂、主要仪器设备、实验原料

1. 实验试剂
(1) 盐酸。
(2) 蒸馏水为 GB/T 6682 规定的二级水。
2. 主要仪器设备
(1) WZZ-3 型自动旋光仪:量程 $-45°\sim+45°$。
(2) 旋光管:2 dm 和 1 dm 两种。
(3) 分析天平:感量为 0.1 mg。
3. 实验原料
不同品种的味精。

五、操作方法

1. 试样制备
称取试样 10 g(精确至 0.0001 g),加少量水溶解并转移至 100 mL 容量瓶中,加 20 mL 盐酸,混匀并冷却至 20 ℃,定容并摇匀,得到待测味精样品溶液。
2. 仪器校正
WZZ-3 型自动旋光仪的构造如图 4-3(a)所示,下面以此为例来介绍旋光仪的校正和测量。其他型号旋光仪的具体操作步骤按照其使用说明书进行。WZZ-3 型自动旋光仪校正步骤如下:
(1) 打开仪器电源开关,钠光灯启辉,等钠光灯发光稳定后(5 min 以上),将光源开关向上拨至直流位置(若灯熄灭,将光源开关上下扳动),使钠光灯在直流模式下点亮。
(2) 按回车键,此时液晶显示屏显示测量模式(MODE)、旋光管长度(L)、样品浓度(C)和

自动复测次数(n)等的出厂默认值(MODE:1;L:2.0;C:0;n:1),MODE:1表示测旋光度模式,L:2.0表示旋光管长度为 2 dm,C:0 表示样品浓度为 0 g/100 mL,n:1 表示自动复测次数为 1。如果显示模式不需改变,则按测量键,显示"0.000";若需改变模式,则修改相应的模式数字,对于 MODE、L、C 和 n 每一项,数字输入完毕后,需按回车键;当 n(次数)输入完毕后,按回车键后显示"0.000",表示可以测试。

(3)用蒸馏水或其他空白溶液进行仪器校正。将蒸馏水或其他空白溶液注入旋光管(见图 4-3(b)),装上橡皮圈,旋紧螺帽,直至不漏水为止,旋光管中不得有气泡。把旋光管放入样品室内,安放旋光管时注意标记的位置和方向,盖好箱盖,按清零键,显示 0 读数,取出旋光管,把校正溶液倒出,洗净。

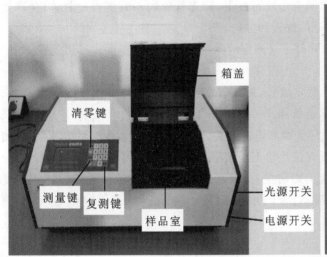 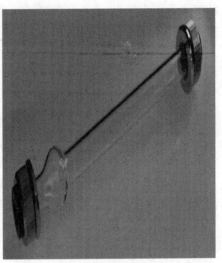

(a)WZZ-3型自动旋光仪构造　　　　　　　　　　(b)旋光管

图 4-3　WZZ-3 型自动旋光仪构造和配套旋光管

3.试样溶液旋光度的测定

将上述制备好的待测味精样品溶液注入洁净、干燥的旋光管中,装上橡皮圈,旋紧螺帽,直至不漏水为止,旋光管中不得有气泡。按校正时相同的位置和方向把旋光管放入样品室内,盖好箱盖,仪器将显示出味精样品溶液的旋光度,同时记录测定时味精样品溶液的温度。仪器自动复测 n 次,得 n 个读数并显示平均值。

六、计算

$$X=\frac{\dfrac{\alpha}{L\times C}}{25.16+0.047\times(20-t)}\times100 \tag{4-5}$$

式中:X——样品中谷氨酸钠(含 1 分子结晶水)含量,g/100 g;

$\quad\alpha$——实测试样液的旋光度(°);

$\quad L$——旋光管长度(液层厚度),dm;

$\quad C$——1 mL 试样液中所含谷氨酸钠的质量,g/mL;

$\quad$25.16——谷氨酸钠的比旋光度$[\alpha]_D^{20}$;

　　t——测定时试液的温度，℃；

　　0.047——温度校正系数；

　　100——换算系数。

七、说明及注意事项

（1）显示模式下修改 C 项输入过程中，发现输入错误时，可按"→"键，光标会向前移动，可修改错误。在测试过程中需改变显示模式，可按"→"键。在测试过程中，如果出现黑屏或乱屏，按回车键。每次测量前按清零键。

（2）供试味精样品溶液应充分溶解，供试液应澄清；仪器校正或样品测定时注入旋光管中的溶液不得有气泡；通光面两端雾状水滴应用软布擦干，旋光管螺帽不宜旋得过紧，以免产生应力，影响读数，安放旋光管时注意标记的位置和方向。

（3）测定味精样品溶液旋光度时，同时记录测定时味精样品溶液的温度。尽可能在 20 ℃的工作环境中使用旋光仪。

（4）物质的比旋光度与测定光源、测定波长、溶剂、浓度、旋光管长度和温度等因素有关，因此，表示物质的比旋光度时应注明测定条件。

（5）旋光仪使用完毕后，应依次关闭光源和电源开关。旋光管用后要及时将溶液倒出，用蒸馏水洗涤干净，揩干放好。旋光仪所有镜片均不能用手直接揩擦，应用柔软绒布揩擦。

（6）旋光仪停用时，应将塑料套套上以防尘；应放在干燥通风和温度适宜的地方，以免受潮发霉；搬动仪器时应小心轻放，避免震动。

八、思考题

（1）在测定时为什么旋光管液体中不得有气泡？如果发现旋光管中有气泡应该怎么处理？

（2）旋光法测定味精纯度的操作过程中，如果样品溶液旋光度超过测量范围，会出现什么现象？应该怎么办？

实验五　液体食品黏度的测定（旋转黏度计法）

一、实验目的

（1）掌握旋转黏度计法测定食品黏度的方法和原理。

（2）了解旋转黏度计仪器维护的基本知识。

二、实验原理

旋转黏度计上的同步电机以稳定的速度带动刻度盘旋转，再通过游丝和转轴带动转子转动。当转子未受到液体的阻力时，游丝、指针与刻度盘同速转动，指针在刻度盘上指出的刻度为"0"；如果转子受到液体的黏滞阻力，则游丝产生扭力矩，与黏滞阻力抗衡，直至最后达到平衡状态，这时与游丝连接的指针在刻度圆盘上指示一定的读数，根据这一读数结合所用的转子号数及转速对照换算系数表，计算出被测样品的绝对黏度。

三、主要仪器设备、实验原料

1. 主要仪器设备

NDJ-1 型旋转黏度计。

2. 实验原料

脱脂牛奶、全脂牛奶、甜炼乳等。

四、操作方法

（1）仪器水平调节：可调整仪器的水平调节螺丝，使仪器处于水平状态。根据检测容器的高低，转动仪器升降夹头旋钮使仪器升降至合适的高度，然后用六角螺纹扳头紧固升降夹头。

（2）转子的安装：估算被测样的黏度范围，结合量程表选择合适的转子，并小心安装上仪器的连接螺杆。

（3）样品的测定：把样品倾入直径不小于 70 mm 的烧杯或试筒（仪器配备），使转子尽量位于容器中心部位并浸入样液直至液面达到转子的标志刻度为止。选择合适的转速，接通电源开始检测。

（4）黏度数据的读取：待转子在样液中转动一定时间，指针趋于稳定时，压下操作杆的同时中断电源，使指针停留在刻度盘，读取刻度盘上指针所指示的数值。当读数过高或过低时，可通过调整测定转速或转子型号，使刻度数值落在 10%～90% 刻度量程为好。

五、实验记录

将测定结果记录在表 4-6 中。

表 4-6 旋转黏度计法测定结果

样品名称	仪器型号	样品温度/℃	测定数值 S_1	测定数值 S_2	平均测定值 S

六、计算

$$\eta = K \times S \tag{4-6}$$

式中：η——样品的绝对黏度，Pa・s；

K——转换系数；

S——圆盘中指针所指数值。

黏度转换系数表及量程表如表 4-7、表 4-8 所示。

表 4-7 黏度转换系数表

转子	转速/(r/min)			
	60	30	12	6
0	0.1	0.2	0.5	1
1	1	2	5	10
2	5	10	25	50
3	20	40	100	200
4	100	200	500	1000

表 4-8　量程表

转子	转速/(r/min)			
	60	30	12	6
0	10	20	50	100
1	100	200	500	1000
2	500	1000	2500	5000
3	2000	4000	10000	20000
4	10000	20000	50000	100000

七、说明及注意事项

(1) 安装转子时可用左手固定连接螺杆,避免指针大幅度左右摆动,同时用右手慢慢将转子旋入连接螺杆,注意不要使转子横向受力以免转子弯曲。

(2) 需选用仪器配备的试筒检测样品时,可按以下操作:安装转子后,用套筒固定螺丝把固定套筒装于黏度计刻度盘下方,把一定量样品倒入试筒,然后将装有样品的试筒垂直向上套入固定套筒,通过螺丝使之与固定套筒相连接,即可进行黏度测定。

(3) 黏度测定量程、系数、转子及转速的选择可按下列方法进行:通常可先预估被测液体的黏度范围,然后根据量程表选择适当的转子和转速。当估算不出被测液体的大致黏度时,应假定为较高的黏度,试用由小到大的转子和由慢到快的转速,原则是高黏度的液体选用小的转子和慢的转速,低黏度的液体选用大的转子和快的转速。

(4) 测定黏度时应保证液体的均匀性,测定前转子应有足够长的时间浸于被测液体,使其和被测液体温度一致,以获得较精确的数值。

(5) 装上"0"号转子后不得在无液体的情况下"旋转",以免损坏轴尖。

(6) 每次使用完毕,应及时清洗转子(注意不得在仪器上进行转子清洗),清洁后要妥善安放于转子架中。

(7) 不得随意拆动调整仪器的零件,不得自行加注润滑油。

八、思考题

(1) 要提高液体食品黏度测定的准确性,实验操作过程中应注意什么问题?

(2) 如何维护旋转式黏度计?

实验六　红曲色素色价的测定(分光光度法)

一、实验目的

(1) 掌握红曲色素色价的测定方法。

(2) 了解红曲色素的提取方法。

二、实验原理

色价是色素的重要理化指标之一。不同品种的色素,因其颜色不同,故最大吸收波长也不同。红曲色素是由一种红曲霉菌接种在大米上固体发酵培养或以大米、大豆为主料的液体发酵培养制得的一种红色素,在食品工业用作着色剂。它可采用分光光度法测定。

红曲色素色价的定义为:1 g 样品在 60 ℃水浴 2 h 后的醇溶液色素,在 505 nm 波长处的吸光度值。

三、实验试剂、主要仪器设备、实验原料

1. 实验试剂

70％乙醇溶液。

2. 主要仪器设备

(1) 分光光度计。

(2) 料理机。

(3) 水浴锅。

(4) 天平:感量为 0.1 mg。

3. 实验原料

红曲米。

四、操作方法

1. 样品的提取

准确称取已粉碎样品 0.2 g(准确至 0.001 g),用 70％乙醇溶液溶解并将其转入 100 mL 容量瓶中,定容,摇匀后置于 60 ℃水浴锅浸泡保温 1～2 h,取出冷却后用 70％乙醇溶液重新定容,混匀。用滤纸过滤,将滤液收集于具塞比色管,备用。

2. 吸光度的测定

准确吸取上述滤液 2.0～5.0 mL,置于 50 mL 容量瓶中(使最终稀释液吸光度值落在 0.3～0.6 范围内),用 70％乙醇溶液稀释定容至 50 mL,摇匀。以 70％乙醇溶液为空白,用 1 cm比色皿于 505 nm 波长处测定吸光度(A)。

五、计算

$$X = A \times \frac{100}{m} \times \frac{50}{V} \tag{4-7}$$

式中:X——样品色价;

A——样品的吸光度;

m——样品的质量,g;

V——吸取滤液的体积,mL。

六、说明及注意事项

发酵后期,若红色素产生量多,可稀释后测定,控制样品浓度在 1％左右,使吸光度值在 0.3～0.6 为宜。

七、思考题

(1) 样品萃取时,萃取后的样品中仍带有红色,是否对结果产生影响?

(2) 实测时如何选择适当的稀释倍数?

第五章　食品中营养成分的测定

食品是供给人体能量,构成人体组织和调节人体内部产生的各种生理过程的原料,因此,一切食品必须含有人体所需的营养成分。食品的种类繁多,但从营养成分来看,主要有水分、蛋白质、脂肪、碳水化合物、维生素、矿物质等,这是构成食品的主要成分。不同的食品所含营养成分的种类和含量是各不相同的。在天然食品中,能够同时提供各种营养成分的品种较少,人们必须根据人体对营养的要求,进行合理搭配,以获得较全面的营养。为此必须对各种食品的营养成分进行分析,以评价其营养价值,为选择食品提供资料。此外,在食品工业生产中,对工艺配方的确定、生产过程的控制及成品质量的监测等,都离不开营养成分的分析。营养成分的分析是食品分析的主要内容。

实验一　食品中水分的测定(直接干燥法)*

一、实验目的

(1) 掌握直接干燥法测定食品水分含量的原理及方法。
(2) 熟练掌握分析天平及干燥箱的使用方法。
(3) 了解引起直接干燥法测定结果误差的主要原因。

二、实验原理

利用食品中水分的物理性质,在 101.3 kPa(一个大气压)、101～105 ℃下采用挥发方法测定样品中干燥减失的质量,包括吸湿水、部分结晶水和该条件下能挥发的物质,再通过干燥前后的称量数值计算出水分的含量。

三、适用范围

本方法适用于在 101～105 ℃下,不含或含其他挥发性物质甚微的谷物及其制品、水产品、豆制品、乳制品、肉制品、卤菜制品、粮食(水分含量低于 18%)、油料(水分含量低于 13%)、淀粉及茶叶类等食品中水分的测定,不适用于水分含量小于 0.5 g/100 g 的样品。

四、实验试剂、主要仪器设备、实验原料

1. 实验试剂

(1) 盐酸(6 mol/L):量取 50 mL 浓盐酸,加水稀释至 100 mL。
(2) 氢氧化钠溶液(6 mol/L):称取 24 g 氢氧化钠,加水溶解并稀释至 100 mL。
(3) 海沙:取用水洗去泥土的海沙或河沙,先用盐酸(1)煮沸 0.5 h,用水洗至中性,再用氢氧化钠溶液(2)煮沸 0.5 h,用水洗至中性,经 105 ℃干燥备用。

---

  * 本实验参考 GB 5009.3—2016 第一法。

2. 主要仪器设备

（1）铝制或玻璃制的扁形称量瓶。

（2）恒温干燥箱。

（3）干燥器：内附有效干燥剂。

（4）天平：感量为 0.1 mg。

3. 实验原料

面粉、豆奶粉、豆浆、果汁等。

五、操作方法

1. 固体试样

取洁净铝制或玻璃制的扁形称量瓶，置于 101～105 ℃干燥箱中，瓶盖斜支于瓶边，加热 1.0 h，取出盖好，置于干燥器内冷却 0.5 h，称量，并重复干燥至前后两次质量差不超过 2 mg，即为恒重。将混合均匀的试样迅速磨细至粒径小于 2 mm，不易研磨的样品应尽可能切碎；称取 2～10 g 试样（精确至 0.0001 g），放入此称量瓶中，试样厚度不超过 5 mm（如为疏松试样，厚度不超过 10 mm），加盖，精密称量后，置于 101～105 ℃干燥箱中，瓶盖斜支于瓶边，干燥 2～4 h 后，盖好取出，放入干燥器内冷却 0.5 h 后称量。然后再放入 101～105 ℃干燥箱中干燥 1 h 左右，取出，放入干燥器内冷却 0.5 h 后再称量。重复以上操作至前后两次质量差不超过 2 mg，即为恒重。

注：在最后计算时，取两次恒重值中后一次的称量值。

2. 半固体或液体试样

取洁净的称量瓶，内加 10 g 海沙及一根小玻璃棒，置于 101～105 ℃干燥箱中，干燥 1.0 h 后取出，放入干燥器内冷却 0.5 h 后称量，并重复干燥至恒重。然后称取 5～10 g 试样（精确至 0.0001 g），置于蒸发皿中，用小玻璃棒搅匀，放在沸水浴上蒸干，并随时搅拌，擦去皿底的水滴，置于 101～105 ℃干燥箱中干燥 4 h 后盖好取出，放入干燥器内冷却 0.5 h 后称量。然后再放入 101～105 ℃干燥箱中干燥 1 h 左右，取出，放入干燥器内冷却 0.5 h 后再称量。并重复以上操作至前后两次质量差不超过 2 mg，即为恒重。

六、计算

$$X=\frac{m_1-m_2}{m_1-m_3}\times100 \tag{5-1}$$

式中：X——试样中水分的含量，g/100 g；

m_1——称量瓶（加海沙、玻璃棒）和试样干燥前的质量，g；

m_2——称量瓶（加海沙、玻璃棒）和试样干燥后的质量，g；

m_3——称量瓶（加海沙、玻璃棒）的质量，g。

水分含量≥1 g/100 g 时，计算结果保留三位有效数字；水分含量<1 g/100 g 时，计算结果保留两位有效数字。

精密度：在重复性条件下获得的两次独立测定结果的绝对差值不得超过算术平均值的 5%。

七、说明及注意事项

（1）在测定过程中，称量瓶从烘箱中取出后，应迅速放入干燥器中进行冷却，否则，不易达到恒重。

(2) 干燥器内一般用硅胶作干燥剂,硅胶吸湿后效能会降低,故当硅胶蓝色减退或变红时,需及时换出,置于 135 ℃左右干燥 2～3 h 使其再生后再用。

(3) 果糖含量较高的样品,如水果制品、蜂蜜等,在高温下(70 ℃以上)长时间加热,其果糖会发生氧化分解作用而导致明显误差,故宜采用减压干燥法测定水分含量。

(4) 含有较多氨基酸、蛋白质及羰基化合物的样品则会发生羰氨反应析出水分而导致误差,对此类样品宜用其他方法测定水分含量。

(5) 测定水分后的样品,可供测脂肪、灰分含量用。

八、思考题

(1) 在测定半固体样品水分时添加海砂的作用是什么?

(2) 直接干燥法测定水分的操作过程中最容易引起误差的地方是哪些?

实验二　食品中水分活度的测定
Ⅰ　康卫氏皿扩散法*

一、实验目的

(1) 掌握康卫氏皿扩散法测定食品水分活度的原理及方法。

(2) 熟悉不同试剂饱和溶液的配制方法。

二、实验原理

样品在康卫氏皿的密封和恒温条件下,分别在水分活度较高和较低的标准饱和溶液中扩散平衡后,根据样品质量的增加(即在较高水分活度标准溶液中平衡后)和减少(即在较低水分活度标准溶液中平衡后)的数量,求出样品的水分活度值。

三、适用范围

本方法适用于预包装谷物制品类、肉制品类、水产制品类、蜂产品类、薯类制品类、水果制品类、蔬菜制品类、乳粉、固体饮料的水分活度的测定。

本方法适用食品水分活度的范围为 0～0.98。

本方法不适用于冷冻和含挥发性成分的食品。

四、实验试剂、主要仪器设备、实验原料

1. 实验试剂

(1) 溴化锂饱和溶液(水分活度为 0.064,25 ℃):在易于溶解的温度下,准确称取 500 g 溴化锂,加入热水 200 mL,冷却至形成固液两相的饱和溶液,贮于棕色试剂瓶中,常温下放置一周后使用。

(2) 氯化锂饱和溶液(水分活度为 0.113,25 ℃):在易于溶解的温度下,准确称取 220 g 氯化锂,加入热水 200 mL,冷却至形成固液两相的饱和溶液,贮于棕色试剂瓶中,常温下放置一

---

* 参考 GB 5009.238—2016 第一法。

周后使用。

（3）氯化镁饱和溶液（水分活度为 0.328,25 ℃）：在易于溶解的温度下,准确称取 150 g 氯化镁,加入热水 200 mL,冷却至形成固液两相的饱和溶液,贮于棕色试剂瓶中,常温下放置一周后使用。

（4）碳酸钾饱和溶液（水分活度为 0.432,25 ℃）：在易于溶解的温度下,准确称取 300 g 碳酸钾,加入热水 200 mL,冷却至形成固液两相的饱和溶液,贮于棕色试剂瓶中,常温下放置一周后使用。

（5）硝酸镁饱和溶液（水分活度为 0.529,25 ℃）：在易于溶解的温度下,准确称取 200 g 硝酸镁,加入热水 200 mL,冷却至形成固液两相的饱和溶液,贮于棕色试剂瓶中,常温下放置一周后使用。

（6）溴化钠饱和溶液（水分活度为 0.576,25 ℃）：在易于溶解的温度下,准确称取 260 g 溴化钠,加入热水 200 mL,冷却至形成固液两相的饱和溶液,贮于棕色试剂瓶中,常温下放置一周后使用。

（7）氯化钴饱和溶液（水分活度为 0.649,25 ℃）：在易于溶解的温度下,准确称取 160 g 氯化钴,加入热水 200 mL,冷却至形成固液两相的饱和溶液,贮于棕色试剂瓶中,常温下放置一周后使用。

（8）氯化锶饱和溶液（水分活度为 0.709,25 ℃）：在易于溶解的温度下,准确称取 200 g 氯化锶,加入热水 200 mL,冷却至形成固液两相的饱和溶液,贮于棕色试剂瓶中,常温下放置一周后使用。

（9）硝酸钠饱和溶液（水分活度为 0.743,25 ℃）：在易于溶解的温度下,准确称取 260 g 硝酸钠,加入热水 200 mL,冷却至形成固液两相的饱和溶液,贮于棕色试剂瓶中,常温下放置一周后使用。

（10）氯化钠饱和溶液（水分活度为 0.753,25 ℃）：在易于溶解的温度下,准确称取 100 g 氯化钠,加入热水 200 mL,冷却至形成固液两相的饱和溶液,贮于棕色试剂瓶中,常温下放置一周后使用。

（11）溴化钾饱和溶液（水分活度为 0.809,25 ℃）：在易于溶解的温度下,准确称取 200 g 溴化钾,加入热水 200 mL,冷却至形成固液两相的饱和溶液,贮于棕色试剂瓶中,常温下放置一周后使用。

（12）硫酸铵饱和溶液（水分活度为 0.810,25 ℃）：在易于溶解的温度下,准确称取 210 g 硫酸铵,加入热水 200 mL,冷却至形成固液两相的饱和溶液,贮于棕色试剂瓶中,常温下放置一周后使用。

（13）氯化钾饱和溶液（水分活度为 0.843,25 ℃）：在易于溶解的温度下,准确称取 100 g 氯化钾,加入热水 200 mL,冷却至形成固液两相的饱和溶液,贮于棕色试剂瓶中,常温下放置一周后使用。

（14）硝酸锶饱和溶液（水分活度为 0.851,25 ℃）：在易于溶解的温度下,准确称取 240 g 硝酸锶,加入热水 200 mL,冷却至形成固液两相的饱和溶液,贮于棕色试剂瓶中,常温下放置一周后使用。

（15）氯化钡饱和溶液（水分活度为 0.902,25 ℃）：在易于溶解的温度下,准确称取 100 g 氯化钡,加入热水 200 mL,冷却至形成固液两相的饱和溶液,贮于棕色试剂瓶中,常温下放置一周后使用。

（16）硝酸钾饱和溶液（水分活度为 0.936,25 ℃）：在易于溶解的温度下,准确称取 120 g 硝酸钾,加入热水 200 mL,冷却至形成固液两相的饱和溶液,贮于棕色试剂瓶中,常温下放置一周后使用。

（17）硫酸钾饱和溶液（水分活度为 0.973,25 ℃）：在易于溶解的温度下,准确称取 35 g 硫酸钾,加入热水 200 mL,冷却至形成固液两相的饱和溶液,贮于棕色试剂瓶中,常温下放置一周后使用。

2. 主要仪器设备

（1）康卫氏皿（带磨砂玻璃盖）。

（2）天平：感量为 0.1 mg 和 0.1 g。

（3）称量皿：直径 35 mm,高 10 mm,盛放样品用。

（4）恒温培养箱：控温精度±1 ℃。

（5）电热恒温鼓风干燥箱。

3. 实验原料

面包、蛋糕、果汁、大米、小麦粉等。

五、操作方法

1. 试样制备

1）粉末状固体、颗粒状固体及糊状样品

取有代表性样品至少 200 g,混匀,置于密闭的玻璃容器内。

2）块状样品

取可食部分的代表性样品至少 200 g。在室温 18～25 ℃,湿度 50％～80％的条件下,迅速切成略小于 3 mm×3 mm×3 mm 的小块,不得使用组织捣碎机,混匀后置于密闭的玻璃容器内。

3）瓶装固体、液体混合样品

取液体部分。

4）其他混合样品

取有代表性的混合均匀样品。

5）液体或流动酱汁样品

直接采取均匀样品进行称重。

2. 试样预测定

1）预处理

将盛有试样的密闭容器、康卫氏皿及称量皿置于恒温培养箱内,于 25 ℃ ±1 ℃条件下恒温 30 min。取出后立即使用及测定。

2）预测定

分别取 12.0 mL 溴化锂饱和溶液、氯化镁饱和溶液、氯化钴饱和溶液、硫酸钾饱和溶液,置于 4 只康卫氏皿的外室,在预先干燥并恒重的称量皿中（精确至 0.0001 g）,迅速称取与标准饱和盐溶液相等份数的同一试样约 1.5 g（精确至 0.0001g）,放入盛有标准饱和盐溶液的康卫氏皿的内室。沿康卫氏皿上口平行移动并盖好涂有凡士林的磨砂玻璃片,放入 25 ℃ ±1 ℃的恒温培养箱内,恒温 24 h。取出盛有试样的称量皿,立即称量（精确至 0.0001 g）。

3）计算

（1）试样质量的增减量按下式计算：

$$X = \frac{m_1 - m}{m - m_0} \tag{5-2}$$

式中：X——试样质量的增减量，g/g；

　　　m_1——25 ℃扩散平衡后试样和称量皿的质量，g；

　　　m——25 ℃扩散平衡前试样和称量皿的质量，g；

　　　m_0——称量皿的质量，g。

（2）绘制二维直线图：以所选饱和盐溶液（25 ℃）的水分活度（A_w）数值为横坐标，对应标准饱和盐溶液的试样质量的增减量为纵坐标，绘制二维直线图。取横坐标截距值，即为该样品的水分活度预测值，参见图 5-1。

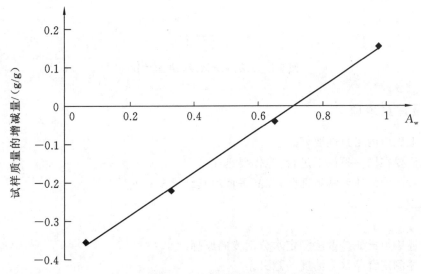

图 5-1　蛋糕水分活度预测结果二维直线图

3. 试样的测定

依据预测定结果，选用水分活度数值大于和小于试样预测结果数值的饱和盐溶液各三种，分别取 12.0 mL 注入康卫氏皿的外室，在预先干燥并恒重的称量皿中（精确至 0.0001 g），迅速称取与标准饱和盐溶液相等份数的同一试样约 1.5 g（精确至 0.0001 g），放入盛有标准饱和盐溶液的康卫氏皿的内室。沿康卫氏皿上口平行移动并盖好涂有凡士林的磨砂玻璃片，放入 25 ℃±1 ℃的恒温培养箱内，恒温 24 h。取出盛有试样的称量皿，立即称量（精确至 0.0001 g）。

六、分析结果的表述

以预测定相同的方式获取结果。取横轴截距值，即为该样品的水分活度值，参见图 5-2。

当符合精密度所规定的要求时，取三次平行测定的算术平均值作为结果。计算结果保留两位有效数字。

精密度：重复性条件下获得的两次独立测定结果的绝对差值不得超过算术平均值的 10%。

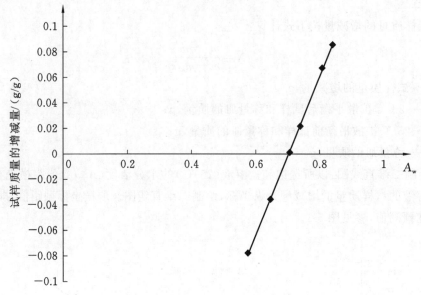

图 5-2 蛋糕水分活度二维直线图

七、说明及注意事项

（1）康卫氏皿的密封性要好。

（2）取样要在同一条件下进行，操作要迅速。

（3）取食品的固体或液体部分，样品平衡后其结果没有差异。

八、思考题

（1）简述康卫氏皿扩散法测定水分活度的原理。

（2）简述测定食品水分活度的意义。

Ⅱ 水分活度仪扩散法[*]

一、实验目的

（1）掌握水分活度仪扩散法测定食品水分活度的原理及方法。

（2）熟悉水分活度仪的使用方法。

二、实验原理

在密闭、恒温的水分活度仪测量舱内，试样中的水分扩散平衡。此时水分活度仪测量舱内的传感器或数字化探头显示出的响应值（相对湿度对应的数值）即为样品的水分活度（A_w）值。

三、适用范围

本方法适用于预包装谷物制品类、肉制品类、水产制品类、蜂产品类、薯类制品类、水果制

* 参考 GB 5009.238—2016 第二法。

品类、蔬菜制品类、乳粉、固体饮料的水分活度的测定。

本方法适用食品水分活度的范围为 0.60～0.90。

本方法不适用于冷冻和含挥发性成分的食品。

四、实验试剂、主要仪器设备、实验原料

1. 实验试剂

同康卫氏皿扩散法中的实验试剂。

2. 主要仪器设备

(1) 天平:感量为 0.01 g。

(2) 水分活度测定仪。

(3) 样品皿。

3. 实验原料

蛋糕、大米、小麦粉等。

五、操作方法

1. 试样制备

同康卫氏皿扩散法中的试样制备。

2. 试样的测定

(1) 在室温 18～25 ℃、湿度 50％～80％的条件下,用饱和盐溶液校正水分活度仪。

(2) 称取约 1 g(精确至 0.01 g)上述制备试样,迅速放入样品皿中,封闭测量仓,在温度 20～25 ℃、相对湿度 50％～80％的条件下测定。每间隔 5 min 记录水分活度仪的响应值。当相邻两次响应值之差小于 0.005 时,即为测定值。仪器充分平衡后,同一样品重复测定三次。

六、分析结果的表述

当符合精密度所规定的要求时,取两次平行测定的算术平均值作为结果。计算结果保留两位有效数字。

精密度:在重复性条件下获得的两次独立测定结果的绝对差值不得超过算术平均值的 5％。

实验三　食品中灰分的测定(干法灰化法)*

一、实验目的

(1) 掌握食品中灰分(总灰分)的测定原理及方法。

(2) 熟悉分析天平、高温炉(马弗炉)的使用方法。

二、实验原理

把一定量的样品炭化后放入高温炉内灼烧,使有机物质被氧化分解,以二氧化碳、氮的氧

---

* 本实验参考 GB 5009.4—2016。

化物及水等形式逸出,而无机物质以硫酸盐、磷酸盐、碳酸盐、氯化物等无机盐和金属氧化物的形式残留下来,这些残留物即为灰分,称量残留物的质量即可计算出样品中总灰分的含量。

三、适用范围

本方法适用于食品中灰分的测定(淀粉类灰分的方法适用于灰分质量分数不大于 2% 的淀粉和变性淀粉)。

四、实验试剂、主要仪器设备、实验原料

1. 实验试剂

(1) 乙酸镁溶液(80 g/L):称取 8.0 g 乙酸镁,加水溶解并定容至 100 mL,混匀。

(2) 乙酸镁溶液(240 g/L):称取 24.0 g 乙酸镁,加水溶解并定容至 100 mL,混匀。

(3) 10% 盐酸:量取 24 mL 浓盐酸,用蒸馏水稀释至 100 mL。

2. 主要仪器设备

(1) 高温炉(马弗炉):最高使用温度 ≥950 ℃。

(2) 石英坩埚或瓷坩埚。

(3) 分析天平:感量分别为 0.1 mg、1 mg、0.1 g。

(4) 电热板。

(5) 干燥器(内有干燥剂)。

(6) 恒温水浴锅:控温精度 ±2 ℃。

3. 实验原料

面粉、果汁、大豆粉等。

五、操作方法

1. 坩埚预处理

取大小适宜的石英坩埚或瓷坩埚,置于马弗炉中,在 550 ℃ ± 25 ℃ 下灼烧 0.5 h,移至炉口冷却到 200 ℃ 左右后,取出,放入干燥器中冷却 30 min,准确称量。重复灼烧至前后两次称量相差不超过 0.5 mg,即为恒重。

2. 称样

称取灰分大于 10 g/100 g 的试样 2~3 g(精确至 0.0001 g)、灰分小于 10 g/100 g 的试样 3~10 g(精确至 0.0001 g)。

3. 测定

1) 面粉、果汁样品

液体试样应先在沸水浴上蒸干。固体或蒸干后的试样,先在电热板上以小火加热,使试样充分炭化至无烟,然后置于马弗炉中,在 550 ℃ ± 25 ℃ 灼烧 4 h。冷却至 200 ℃ 左右,取出,放入干燥器中冷却 30 min,称量前如发现灼烧残渣有炭粒,应向试样中滴入少许水湿润,使结块松散,蒸干水分再次灼烧至无炭粒即表示灰化完全,方可称量。重复灼烧至前后两次称量相差不超过 0.5 mg,即为恒重。按式(5-3)计算。

2) 大豆粉(含磷量较高的食品)

称取试样后,加入 1.00 mL 240 g/L 乙酸镁溶液或 3.00 mL 80 g/L 乙酸镁溶液,使试样完

全润湿。放置 10 min 后,在水浴上将水分蒸干,以下步骤按 1)自"先在电热板上以小火加热"起操作。按式(5-4)计算。

吸取三份与上述试样相同浓度和体积的乙酸镁溶液,做三次试剂空白实验。当三次实验结果的标准偏差小于 0.003 g 时,取算术平均值作为空白值。若标准偏差超过 0.003 g,应重新做空白值实验。

六、计算

$$X_1 = \frac{m_1 - m_2}{m_3 - m_2} \times 100 \tag{5-3}$$

$$X_2 = \frac{m_1 - m_2 - m_0}{m_3 - m_2} \times 100 \tag{5-4}$$

式中:X_1——试样中灰分的含量(测定时未加乙酸镁溶液),g/100 g;

X_2——试样中灰分的含量(测定时加入乙酸镁溶液),g/100 g;

m_0——氧化镁(乙酸镁灼烧后生成物)的质量,g;

m_1——坩埚和灰分的质量,g;

m_2——坩埚的质量,g;

m_3——坩埚和试样的质量,g。

试样中灰分含量 $\geqslant$10 g/100 g 时,保留三位有效数字;试样中灰分含量<10 g/100 g 时,保留两位有效数字。

精密度:在重复性条件下获得的两次独立测定结果的绝对差值不得超过算术平均值的 5%。

七、说明及注意事项

(1) 样品炭化时要注意热源强度,防止产生大量泡沫溢出坩埚。

(2) 把坩埚放入高温炉或从炉中取出时,要放在炉口停留片刻,使坩埚预热或冷却,防止因温度剧变而使坩埚破裂。

(3) 灼烧后的坩埚应冷却到 200 ℃以下再移入干燥器中,否则热的对流作用易造成残灰飞散,且冷却速度慢,冷却后干燥器内形成较大真空,盖子不易打开。

(4) 灰化后所得残渣可保留用于 Ca、P、Fe 等成分的分析。

八、思考题

(1) 样品在灰化前为什么要先炭化?

(2) 灼烧后的坩埚是否可以立即移入干燥器中冷却? 为什么?

实验四 食品中铁的测定
Ⅰ 火焰原子吸收光谱法[*]

一、实验目的

(1) 掌握火焰原子吸收光谱法测定食品中铁含量的原理及方法。

[*] 参考 GB 5009.90—2016 第一法。

（2）熟悉原子吸收分光光度计的操作方法。

二、实验原理

试样消解后，经原子吸收火焰原子化，在 248.3 nm 波长处测定吸光度值。在一定浓度范围内铁的吸光度值与铁含量成正比，与标准系列比较定量。

三、适用范围

本方法适用于食品中铁含量的测定。

四、实验试剂、主要仪器设备、实验原料

1. 实验试剂

除非另有说明，本方法所用试剂硝酸、高氯酸、硫酸均为优级纯，水为 GB/T 6682 规定的二级水。

（1）硝酸溶液（5+95）：量取 50 mL 硝酸，倒入 950 mL 水中，混匀。

（2）硝酸溶液（1+1）：量取 250 mL 硝酸，倒入 250 mL 水中，混匀。

（3）硫酸溶液（1+3）：量取 50 mL 浓硫酸，缓慢倒入 150 mL 水中，混匀。

（4）标准品：硫酸铁铵（$NH_4Fe(SO_4)_2 \cdot 12H_2O$，CAS 号 7783-83-7），纯度＞99.99%。或一定浓度经国家认证并授予标准物质证书的铁标准溶液。

（5）铁标准贮备液（1000 mg/L）：准确称取 0.8631 g（精确至 0.0001 g）硫酸铁铵，加水溶解，加 1.00 mL 硫酸溶液（1+3），移入 100 mL 容量瓶，加水定容。混匀。此铁溶液质量浓度为 1000 mg/L。

（6）铁标准中间液（100 mg/L）：准确吸取铁标准贮备液（1000 mg/L）10 mL，置于100 mL容量瓶中，加硝酸溶液（5+95）定容，混匀。此铁溶液质量浓度为 100 mg/L。

（7）铁标准系列溶液：分别准确吸取铁标准中间液（100 mg/L）0 mL、0.50 mL、1.00 mL、2.00 mL、4.00 mL、6.00 mL，置于 100 mL 容量瓶中，加硝酸溶液（5+95）定容，混匀。此铁标准系列溶液中铁的质量浓度分别为 0 mg/L、0.50 mg/L、1.00 mg/L、2.00 mg/L、4.00 mg/L、6.00 mg/L。

注：可根据仪器的灵敏度及样品中铁的实际含量确定标准溶液系列中铁的具体浓度。

2. 主要仪器设备

（1）原子吸收分光光度计：配火焰原子化器、铁空心阴极灯。

（2）分析天平：感量为 0.1 mg 和 1 mg。

（3）恒温干燥箱。

（4）微波消解仪：配聚四氟乙烯消解内罐。

（5）马弗炉。

（6）可调式电热炉。

（7）可调式电热板。

（8）压力消解罐：配聚四氟乙烯消解内罐。

3. 实验原料

面粉、豆奶粉、菠菜、液态牛乳等。

五、操作方法

1. 试样制备

(1) 粮食、豆类样品:将样品去除杂物后,粉碎,贮于塑料瓶中。

(2) 蔬菜、水果、鱼类、肉类等样品:将样品用水洗净,晾干,取可食部分,制成匀浆,贮于塑料瓶中。

(3) 饮料、酒、醋、酱油、食用植物油、液态乳等液体样品:将样品摇匀。

2. 试样消解

1) 湿法消解

准确称取固体试样 0.5~3 g(精确至 0.001 g)或准确移取液体试样 1.00~5.00 mL,置于带刻度消化管中,加入 10 mL 硝酸和 0.5 mL 高氯酸,在可调式电热炉上消解(参考条件:120 ℃,保持 0.5~1 h,升至 180 ℃,保持 2~4 h,升至 200~220 ℃)。若消化液呈棕褐色,再加硝酸,消解至冒白烟,消化液呈无色透明状或略带黄色,取出消化管,冷却后将消化液转移至 25 mL 容量瓶中,用少量水洗 2~3 次,合并洗液于容量瓶中并用水定容,混匀备用。同时做试样空白实验。亦可采用锥形瓶,于可调式电热板上按上述操作方法进行湿法消解。

2) 微波消解

准确称取固体试样 0.2~0.8 g(精确至 0.001 g)或准确移取液体试样 1.00~3.00 mL,置于微波消解罐中,加入 5 mL 硝酸,按照微波消解的操作步骤消解试样,消解条件参考表 5-1。冷却后取出消解罐,在电热板上于 140~160 ℃赶酸,体积减至 1.0 mL 左右。冷却后将消化液转移至 25 mL 容量瓶中,用少量水洗涤内罐和内盖 2~3 次,合并洗涤液于容量瓶中并用水定容,混匀备用。同时做试样空白实验。

表 5-1　微波消解升温程序

步骤	设定温度/ ℃	升温时间/min	恒温时间/min
1	120	5	5
2	160	5	10
3	180	5	10

3) 压力罐消解

准确称取固体试样 0.3~2 g(精确至 0.001 g)或准确移取液体试样 2.00~5.00 mL,置于消解内罐中,加入 5 mL 硝酸。盖好内盖,旋紧不锈钢外套,放入恒温干燥箱,于 140~160 ℃下保持 4~5 h。冷却后缓慢旋松外罐,取出消解内罐,放在可调式电热板上于 140~160 ℃赶酸,体积减至 1.0 mL 左右。冷却后将消化液转移至 25 mL 容量瓶中,用少量水洗涤内罐和内盖 2~3 次,合并洗涤液于容量瓶中并用水定容,混匀备用。同时做试样空白实验。

4) 干法消解

准确称取固体试样 0.5~3 g(精确至 0.001 g)或准确移取液体试样 2.00~5.00 mL,置于坩埚中,小火加热,炭化至无烟,转移至马弗炉中,于 550 ℃灰化 3~4 h。冷却,取出,对于灰化不彻底的试样,加数滴硝酸,小火加热,小心蒸干,再转入 550 ℃马弗炉中,继续灰化 1~2 h,至试样呈白灰状。冷却,取出,用适量硝酸溶液(1+1)溶解,转移至 25 mL 容量瓶中,用少量水洗涤坩埚 2～3 次,合并洗涤液于容量瓶中并用水定容。同时做试样空白实验。

3. 测定

1) 仪器测试条件

参考条件见表 5-2。

表 5-2　火焰原子吸收光谱法参考条件

元素	波长/nm	狭缝宽度/nm	灯电流/mA	燃烧头高度/mm	空气流量/(L/min)	乙炔流量/(L/min)
铁	248.3	0.2	5～15	3	9	2

2) 标准曲线的制作

将标准系列工作液按质量浓度由低到高的顺序分别导入火焰原子化器,测定其吸光度值。以铁标准系列溶液中铁的质量浓度为横坐标,以相应的吸光度值为纵坐标,制作标准曲线。

3) 试样测定

在与测定标准溶液相同的实验条件下,将空白溶液和样品溶液分别导入火焰原子化器,测定吸光度值,与标准系列比较定量。

六、计算

$$X = \frac{(C - C_0) \times V}{m} \tag{5-5}$$

式中:X——试样中铁的含量,mg/kg(或 mg/L);

C——测定样液中铁的质量浓度,mg/L;

C_0——空白液中铁的质量浓度,mg/L;

V——试样消化液的定容体积,mL;

m——试样的称样量(或移取体积),g(或 mL)。

当铁含量≥10.0 mg/kg(或 10.0 mg/L)时,计算结果保留三位有效数字;当铁含量<10.0 mg/kg(或 10.0 mg/L)时,计算结果保留两位有效数字。

精密度:在重复性条件下获得的两次独立测定结果的绝对差值不得超过算术平均值的 10%。

七、说明及注意事项

(1) 在采样和制备过程中,应避免试样污染。

(2) 本方法为测定食品中铁含量的国家标准第一法。

(3) 当称样量为 0.5 g(或 0.5 mL),定容体积为 25 mL 时,方法检出限为 0.75 mg/kg(或 0.75 mg/L),定量限为 2.5 mg/kg(或 2.5 mg/L)。

八、思考题

(1) 简述火焰原子吸收分光光度计的主要部件及作用。

(2) 测定食品中铁含量时,试样消解的方式有哪些?

II　邻二氮菲比色法[*]

一、实验目的

(1) 掌握邻二氮菲比色法测定铁含量的原理及方法。

(2) 熟悉可见分光光度计的使用方法。

二、实验原理

在 pH 2～9 的溶液中,二价铁离子能与邻二氮菲生成稳定的橙红色配合物,在 510 nm 波长处有最大吸收,其吸光度与铁的含量成正比,故可比色测定。

当 pH<2 时,该反应进行较慢,而酸度过低又会引起二价铁离子水解,故反应通常在 pH=5 左右的微酸条件下进行。同时样品制备液中铁元素常以三价离子形式存在,可用盐酸羟胺先还原成二价离子再进行反应,反应式如下:

$$2Fe^{3+} + 2NH_2OH \cdot HCl \longrightarrow 2Fe^{2+} + N_2 \uparrow + 4H^+ + 2H_2O + 2Cl^-$$

三、适用范围

本方法适用于食品中铁含量的测定。

四、实验试剂、主要仪器设备、实验原料

1. 实验试剂

(1) 10%盐酸羟胺溶液。

(2) 0.12%邻二氮菲水溶液(新配)。

(3) 10%乙酸钠溶液。

(4) 1 mol/L 盐酸。

(5) 盐酸(1+2)。

(6) 浓硫酸。

(7) 2%高锰酸钾溶液。

(8) 铁标准贮备液:准确称取 0.4979 g 硫酸亚铁($FeSO_4 \cdot 7H_2O$),置于 100 mL 烧杯中,加入 5 mL 浓硫酸和 100 mL 水,溶解后滴加 2%高锰酸钾溶液,至红色不褪为止,转移至 1000 mL 容量瓶中,用水定容,摇匀,得铁标准贮备液,此液 Fe^{3+} 浓度为 100 μg/mL。

(9) 铁标准使用液:准确吸取铁标准贮备液 10 mL,置于 100 mL 容量瓶中,加入 1 mL 1 mol/L 盐酸,加水定容,摇匀,此液 Fe^{3+} 浓度为 10 μg/mL。

2. 主要仪器设备

(1) 分光光度计。

(2) 高温炉(马弗炉)。

(3) 天平:感量为 0.1 mg。

(4) 坩埚。

---

[*] 引自大连轻工业学院等编写的《食品分析》(中国轻工业出版社 2006 年出版)。

3. 实验原料

面粉、豆奶粉等。

五、操作方法

1. 样品处理

准确称取均匀的固体试样 3～5 g(精确至 0.001 g),置于坩埚中,小火加热,炭化至无烟,转移至马弗炉中,于 550 ℃灰化 3～4 h。冷却,取出。在坩埚中加入 5 mL 盐酸(1+2)以溶解灰分,水浴加热或电炉上小火加热至近干,再加入 5 mL 盐酸(1+2),加热煮沸至剩 2～3 mL 后移入 100 mL 容量瓶中,以水定容,混匀。

2. 标准曲线绘制

分别吸取 10 μg/mL 铁标准使用液(标准使用液吸取量可根据样品含铁量高低来确定)0 mL、0.5 mL、1.0 mL、2.0 mL、3.0 mL、4.0 mL、5.0 mL,置于 50 mL 容量瓶中,加入 1 mL 1 mol/L盐酸、1 mL 10%盐酸羟胺溶液、5 mL 10%乙酸钠溶液,再加入 1 mL 0.12%邻二氮菲溶液,每加入一种试剂都要摇匀。然后用水稀释至刻度。静置 15 min 后,以不加铁的试剂空白溶液为参比液,在 510 nm 波长处测定吸光度,绘制标准曲线。

3. 样品测定

准确吸取 2～5 mL(视含铁量高低而定)样液,置于 50 mL 容量瓶中,以下按标准曲线绘制的操作测定吸光度,从标准曲线上查出相对应的铁含量(μg)。

六、计算

$$X = \frac{x \times V_2}{m \times V_1} \tag{5-6}$$

式中:X——试样中铁的含量,mg/kg;

　　　x——从标准曲线上查得测定用样液相当的铁含量,μg;

　　　V_1——测定用样液体积,mL;

　　　V_2——样液总体积,mL;

　　　m——样品质量,g。

七、说明及注意事项

(1) Cu^{2+}、Ni^{2+}、Co^{2+}、Zn^{2+}、Hg^{2+}、Cd^{2+}、Mn^{2+}等离子也能与邻二氮菲生成稳定的配合物,少量时不影响测定,量大时可用 EDTA 掩蔽或预先分离。

(2) 加入试剂的顺序不能任意改变,否则会因为 Fe^{3+} 水解等造成较大误差。

(3) 微量元素分析的样品制备过程中应特别注意防止各种污染,所用各种设备如电磨、绞肉机、匀浆器、打碎机等必须是不锈钢制品。所用容器必须使用玻璃或聚乙烯制品。

(4) 本方法选择性高,干扰少,显色稳定,灵敏度和精密度都较高,使用普通的分光光度计即可测定,测定成本较低。

八、思考题

(1) 简述邻二氮菲比色法测定铁的原理。

(2) 实验中加入盐酸羟胺、乙酸钠和邻二氮菲各起什么作用?

实验五　食品中总酸的测定
Ⅰ　酸碱指示剂滴定法[*]

一、实验目的

(1) 掌握酸碱指示剂滴定法测定食品中总酸的原理及方法。

(2) 熟悉移液管、碱式滴定管的使用方法。

二、实验原理

食品中的有机弱酸在用标准碱液滴定时,被中和生成盐类。用酚酞作指示剂,当滴定至终点(pH=8.2,指示剂显微红色)时,根据耗用标准碱液的体积,可计算出样品中总酸含量。其反应式如下:

$$RCOOH + NaOH \longrightarrow RCOONa + H_2O$$

三、适用范围

本方法适用于果蔬制品、饮料(澄清透明类)、白酒、米酒、白葡萄酒、白醋中总酸的测定。

四、实验试剂、主要仪器设备、实验原料

1. 实验试剂

(1) 1%酚酞的乙醇溶液:称取酚酞 1 g,溶解于 100 mL 95%乙醇中。

(2) 0.1 mol/L NaOH 标准滴定溶液:具体配制和标定方法可参考附录 C。

2. 主要仪器设备

(1) 分析天平:感量为 0.01 g 和 0.1 mg。

(2) 碱式滴定管:容量为 25 mL,最小滴定刻度为 0.1 mL。

(3) 移液管:25 mL、50 mL、100 mL。

(4) 组织捣碎机。

3. 实验原料

白醋、浅色饮料、果蔬干制品等。

五、操作方法

1. 试样的制备

(1) 液体样品:含 CO_2 的液体样品,至少取 200 g(精确至 0.01 g)样品,置于 500 mL 烧杯中,在减压下摇动 3~4 min,以除去 CO_2。不含 CO_2 的液体样品,充分混合均匀,置于密闭玻璃容器内。

(2) 固体样品:取有代表性的样品至少 200 g(精确到 0.01 g),置于研钵或组织捣碎机内,加入与样品等量的无 CO_2 的水,用研钵研碎或组织捣碎机捣碎,混匀成浆状后置于密闭玻璃容器内。

(3) 固液混合样品:按样品的固、液体比例至少取 200 g(精确到 0.01 g),用研钵研碎或组

---

[*]　参考 GB 12456—2021 第一法。

织捣碎机捣碎,混匀后置于密闭玻璃容器内。

2. 待测溶液的制备

(1) 液体样品:称取 25 g(精确到 0.01 g)或用移液管吸取 25.0 mL 试样至 250 mL 容量瓶中,用无 CO_2 的水定容,摇匀。用快速滤纸过滤,收集滤液,用于测定。

(2) 其他样品:称取 25 g(精确到 0.01 g),置于 150 mL 带有冷凝管的锥形瓶中,加入约 50 mL 80 ℃无 CO_2 的水,混合均匀。置于沸水浴中煮沸 30 min(摇动 2～3 次,使样品中的有机酸全部溶解于溶液中),取出,冷却至室温,用无 CO_2 的水定容至 250 mL。用快速滤纸过滤,收集滤液,用于测定。

3. 滴定

根据试样的总酸大致含量,使用移液管吸取 25 mL、50 mL 或者 100 mL 试液,置于 250 mL 锥形瓶中,一式两份。加入 2～4 滴酚酞指示剂。用 0.1 mol/L NaOH 标准滴定溶液(若为白酒等样品,总酸≤4 g/kg,可用 0.01 mol/L 或 0.05 mol/L NaOH 标准滴定溶液)滴定至浅粉红色且 30 s 不褪色。记录消耗的 NaOH 标准滴定溶液的体积(mL)。

用同体积无 CO_2 的水代替试液做空白实验,记录体积。

六、计算

$$X = \frac{c \times (V_1 - V_2) \times k \times F}{m} \times 1000 \qquad (5\text{-}7)$$

式中:X——总酸含量,g/kg(或 g/L);

$\quad c$——NaOH 标准滴定溶液的浓度,mol/L;

$\quad m$——样品质量(或体积),g(或 mL);

$\quad V_1$——滴定试液时消耗 NaOH 标准滴定溶液的体积,mL;

$\quad V_2$——空白实验时消耗 NaOH 标准滴定溶液的体积,mL;

$\quad k$——换算为主要酸的系数,如乙酸 0.060,乳酸 0.090,柠檬酸 0.064 或 0.070(含一分子结晶水);

$\quad F$——试液的稀释倍数;

$\quad 1000$——换算系数。

计算结果以重复性条件下获得的两次独立测定结果的算术平均值表示,结果保留到小数点后两位。

精密度:在重复性条件下获得的两次独立测定结果的绝对差值不得超过算术平均值的 10%。

七、说明及注意事项

(1) CO_2 对滴定有影响,蒸馏水在使用前应煮沸 15 min,冷却备用。因样品中 CO_2 对测定亦有干扰,故对含有 CO_2 的饮料、酒类等样品,在测定之前须除去 CO_2。

(2) 为使误差不超过允许范围,一般要求滴定时消耗 0.1 mol/L NaOH 标准滴定溶液不得少于 5 mL,最好在 10～15 mL,否则可以将 0.1 mol/L NaOH 标准滴定溶液稀释后滴定。

(3) 由于食品中有机酸均为弱酸,在用强碱(NaOH)滴定时,其滴定终点偏碱性,一般在 pH 8.2 左右,故可选用酚酞作终点指示剂。

（4）碱式滴定管滴定前准备：洗净滴定管，检查是否漏液，用标准滴定溶液润洗，排气泡，调零。

八、思考题

（1）测定食品酸度时，如何消除 CO_2 对测定的影响？

（2）将固体样品加水混匀，置于沸水浴中煮沸 30 min 的目的是什么？

Ⅱ　pH 计电位滴定法[*]

一、实验目的

（1）掌握 pH 计电位滴定法测定食品中总酸的原理及方法。

（2）熟悉 pH 计的使用方法。

二、实验原理

根据酸碱中和原理，用 NaOH 标准滴定溶液滴定试液中的酸，至试样溶液 pH 值为 8.2（如酸为磷酸，则为 8.7～8.8）时，确定为滴定终点，按碱液消耗量计算出食品的总酸含量。

三、适用范围

本方法适用于果蔬制品、饮料、酒类和调味品中总酸的测定。

四、实验试剂、主要仪器设备、实验原料

1. 实验试剂

（1）pH 8.0 缓冲溶液：取磷酸氢二钾 5.59 g 和磷酸二氢钾 0.41 g，用水溶解并定容至1000 mL。

（2）0.1 mol/L NaOH 标准滴定溶液，同酸碱指示剂滴定法。

2. 主要仪器设备

（1）pH 计：精度 ±0.1 pH 单位。

（2）磁力搅拌器。

（3）其余同酸碱指示剂滴定法。

3. 实验原料

陈醋、可乐饮料等。

五、操作方法

1. 试样的制备

同酸碱指示剂滴定法中试样的制备方法。

2. 待测溶液的制备

同酸碱指示剂滴定法中待测溶液的制备方法。

---

[*] 参考 GB 12456—2021 第二法。

3.滴定

根据试样的总酸大致含量,使用移液管吸取 25 mL、50 mL 或者 100 mL 试液,置于150 mL 或 200 mL 烧杯中。将 pH 计电源接通,稳定后,根据使用的 pH 计校正规程或用 pH 8.0 缓冲溶液校正 pH 计。将盛有试液的烧杯放到磁力搅拌器上,浸入 pH 计电极。按下 pH 计读数开关,开动磁力搅拌器,迅速用 0.1 mol/L NaOH 标准滴定溶液(若为白酒等样品,总酸≤4 g/kg,可用 0.01 mol/L 或 0.05 mol/L NaOH 标准滴定溶液)滴定,随时观察溶液 pH 值变化。接近滴定终点时,放慢滴定速度。一次滴加半滴(最多一滴),直到达到滴定终点,记录消耗的 NaOH 标准滴定溶液体积(mL)(各种酸滴定终点的 pH 值:磷酸,8.7~8.8;其他酸,8.2)。

用同体积无 CO_2 的水代替试液做空白实验,记录消耗 NaOH 标准滴定溶液的体积。

六、计算

计算公式同酸碱指示剂滴定法。

实验六　食品 pH 值的测定(pH 计法)[*]

一、实验目的

(1) 掌握 pH 计法测定食品 pH 值的原理及方法。
(2) 熟悉 pH 计的使用方法。

二、实验原理

以玻璃电极为指示电极,饱和甘汞电极为参比电极,插入待测样液中,组成原电池,该电池电动势的大小与溶液的 pH 值有线性关系。

$$E = E° - 0.0591 \, pH \quad (25 \, ℃)$$

即在 25 ℃时,每相差一个 pH 单位就产生 59.1 mV 的电池电动势,利用 pH 计测量电池电动势并直接以 pH 值表示,就可以从 pH 计表头上读出样品溶液的 pH 值。

三、适用范围

本方法适用于各种饮料、果蔬及其制品、肉、蛋类等食品中 pH 值的测定。

四、实验试剂、主要仪器设备、实验原料

1. 实验试剂

(1) pH 6.88(20 ℃)缓冲溶液:准确称取在 115 ℃±5 ℃烘干 2~3 h 的磷酸二氢钾 3.387 g 和无水磷酸氢二钠 3.533 g,用无 CO_2 蒸馏水溶解并稀释至 1 L,摇匀。每 2 个月需重新配制。

(2) pH 4.01(20 ℃)缓冲溶液:准确称取在 115 ℃±5 ℃烘干 2~3 h 的优级纯邻苯二甲酸氢钾 10.12 g,用无 CO_2 蒸馏水溶解并稀释至 1 L,摇匀。

(3) pH 1.68(20 ℃)缓冲溶液:准确称取 12.61 g $KHC_2O_4 \cdot H_2C_2O_4 \cdot 2H_2O$,用无 CO_2 蒸馏水溶解并稀释至 1 L,摇匀。

---

[*] 本实验参考 GB 10468—1989。

（4）pH 9.23（20 ℃）缓冲溶液：准确称取 3.80 g 硼砂（$Na_2B_4O_7 \cdot 10H_2O$），用无 CO_2 蒸馏水溶解并稀释至 1 L，摇匀。

2. 主要仪器设备

（1）pH 计。

（2）pH 复合电极。

3. 实验原料

食醋、橙汁、西瓜等。

五、操作方法

1. 电极活化与准备

将复合电极预先放在蒸馏水或 0.1 mol/L 盐酸中浸泡 24 h 以上。将复合电极旋入电极插口，调节电极夹到适当位置。

取下复合电极下端的保护套，同时拔出电极上端的小橡皮塞，使小孔露出。用蒸馏水清洗电极，清洗后用滤纸吸干水。

2. 仪器标定

打开电源开关，预热 30 min 后，按"pH/mV"键使仪器进入 pH 值测量状态。

（1）温度补偿：用温度计测出待测溶液的温度，调节"温度"按钮，然后按"确认"键。

（2）定位校正：将电极插入 pH 6.88 缓冲溶液中，轻轻振摇，静置 3～5 min，读数稳定后按"定位"键，使读数为该溶液当前温度下的 pH 值，按"确认"键。

（3）斜率校正：将清洗后的电极用滤纸吸干水，将电极插入 pH 4.01 缓冲溶液中（缓冲溶液的 pH 值与被测溶液的 pH 值应接近），读数稳定后按"斜率"键，使读数为该溶液当前温度下的 pH 值，按"确认"键。清洗电极，用滤纸吸干水。

3. 样品测定

1）样品制备

取西瓜捣碎榨汁，取汁液 60 mL 左右，置于 100 mL 小烧杯中。

对于食醋、橙汁等液体样品，取混匀样品 60 mL 左右，置于 100 mL 小烧杯。

2）样品 pH 值测定

将洁净电极插入样品制备液中，轻轻振摇，静置 3～5 min，读数稳定后记录 pH 值。

同一个制备试样至少要进行两次测定。

在重复性条件下获得的两次独立测定结果的绝对差值不得超过 0.1 pH 单位。

六、说明及注意事项

（1）新电极或很久未用的干燥电极，应预先浸泡在蒸馏水或 0.1 mol/L 盐酸中 24 h 以上，目的是使玻璃电极球膜表面形成有良好离子交换能力的水化层。

（2）测定时要把电极上部的小橡皮塞拔出，并使甘汞电极内氯化钾溶液的液面高于被测溶液的液面。

（3）为了减少误差，应选用 pH 值与待测样液 pH 值相近的标准缓冲溶液进行斜率校正。

（4）仪器一经标定，"电位"和"斜率"按钮不得有任何变动，否则重新标定。

实验七　食品中氨基酸态氮的测定
Ⅰ　pH 计法[*]

一、实验目的

(1) 掌握 pH 计法测定食品中氨基酸态氮含量的原理及方法。

(2) 熟悉 pH 计的操作方法。

(3) 了解不同等级酱油产品中氨基酸态氮含量的差异。

二、实验原理

氨基酸具有酸性的—COOH 基团和碱性的—NH$_2$ 基团，它们相互作用而使氨基酸成为中性的内盐。当加入甲醛溶液时，氨基与甲醛作用，其碱性消失，使羧基显示出酸性。用 NaOH 标准滴定溶液滴定，以 pH 计测定终点。

$$R-\underset{|}{CH}-COOH \longrightarrow R-\underset{|}{CH}-C=O$$
$$\quad\quad NH_2 \quad\quad\quad\quad\quad H_3N^+ \quad O^-$$

$$R-\underset{|}{CH}-COOH + HCHO \longrightarrow R-\underset{|}{CH}-COOH$$
$$\quad\quad NH_2 \quad\quad\quad\quad\quad\quad\quad\quad NH-CH_2OH$$

$$R-\underset{|}{CH}-COOH + NaOH \longrightarrow R-\underset{|}{CH}-COONa$$
$$\quad\quad NH-CH_2OH \quad\quad\quad\quad\quad NH-CH_2OH$$

三、适用范围

本方法适用于以粮食和其副产品豆饼、麸皮等为原料酿造或配制的酱油，以粮食为原料酿造的酱类，以黄豆、小麦粉为原料酿造的豆酱类食品中氨基酸态氮的测定。

四、实验试剂、主要仪器设备、实验原料

1. 实验试剂

(1) 36％甲醛溶液：不应含有聚合物（没有沉淀且不分层）。

(2) 0.05 mol/L NaOH 标准滴定溶液：准确吸取 50 mL 0.1 mol/L NaOH 标准滴定溶液，置于 100 mL 容量瓶中，加水定容，摇匀，此为 0.05 mol/L NaOH 标准滴定溶液。0.1 mol/L NaOH 标准滴定溶液的配制及标定方法参考总酸度的测定。

2. 主要仪器设备

(1) pH 计（附磁力搅拌器）。

(2) 分析天平：感量为 0.1 mg。

(3) 微量碱式滴定管（10 mL）。

3. 实验原料

酱油、黄豆酱等。

---

[*]　参考 GB 5009.235—2016 第一法。

五、操作方法

用移液管移取 5 mL 酱油（或用分析天平称取 5 g 样品），置于 50 mL 烧杯中，用水分数次洗涤，洗液加入 100 mL 容量瓶中，加水至刻度，摇匀。吸取 20.0 mL 上述样品稀释液，置于 200 mL 烧杯中，加 60 mL 水，开动磁力搅拌器，用 0.05 mol/L NaOH 标准滴定溶液滴定至 pH 计指示为 pH＝8.2（记下消耗 NaOH 标准滴定溶液的体积，可用于计算样品的总酸含量）。

加入 10.0 mL 甲醛溶液，混匀。再用 0.05 mol/L NaOH 标准滴定溶液继续滴定至 pH＝9.2，再次记录消耗 NaOH 标准滴定溶液的体积。

同时取 80 mL 蒸馏水，置于另一只 200 mL 洁净烧杯中，先用 0.05 mol/L NaOH 标准滴定溶液滴定至 pH 值为 8.2，再加入 10.0 mL 甲醛溶液，用 0.05 mol/L NaOH 标准滴定溶液滴定至 pH 值为 9.2，做试剂空白实验。

六、计算

$$X = \frac{(V_1 - V_2) \times c \times 0.014}{m \times \frac{20}{100}} \times 100 \tag{5-8}$$

式中：X——试样中氨基酸态氮的含量，g/100 g（或 g/100 mL）；

　　　V_1——测定用试样稀释液加入甲醛后消耗 NaOH 标准滴定溶液的体积，mL；

　　　V_2——试剂空白实验加入甲醛后消耗 NaOH 标准滴定溶液的体积，mL；

　　　c——NaOH 标准滴定溶液的浓度，mol/L；

　　　0.014——与 1.00 mL NaOH 标准滴定溶液（c(NaOH)＝1.000 mol/L）相当的氮的质
　　　　　　　量，g；

　　　m——称样的质量（或移取液体样品的体积），g（或 mL）；

　　　100——单位换算系数。

计算结果保留两位有效数字。

精密度：在重复性条件下获得的两次独立测定结果的绝对差值不得超过算术平均值的 10%。

七、说明及注意事项

（1）第一次滴定（终点 pH 8.2）目的是除去其他游离酸，所消耗的 NaOH 标准滴定溶液的体积可用于计算总酸度，不用于计算氨基酸态氮含量；第二次滴定（终点 pH 9.2）消耗的 NaOH 标准滴定溶液的体积用于计算氨基酸态氮含量。

（2）若样品中含有铵盐，由于铵离子也能与甲醛作用，将使测定结果偏高。

$$4NH_4^+ + 6HCHO \longrightarrow (CH_2)_6N_4 + 6H_2O + 4H^+$$

（3）测定结果可与《食品安全国家标准　酱油》（GB 2717—2018）进行比较，判断氨基酸态氮含量指标是否合格。

酱油通常是按照其氨基酸态氮含量的高低来划分等级。

特级：氨基酸态氮≥0.8 g/100 mL；

一级：0.8 g/100 mL＞氨基酸态氮≥0.7 g/100 mL；

二级：0.7 g/100 mL＞氨基酸态氮≥0.55 g/100 mL；

三级：0.55 g/100 mL＞氨基酸态氮≥0.4 g/100 mL。

八、思考题

（1）测定氨基酸态氮时，加入甲醛的作用是什么？

（2）测定氨基酸态氮时，不除酸直接加甲醛对结果有何影响？

Ⅱ 双指示剂甲醛滴定法*

一、实验目的

（1）掌握双指示剂甲醛滴定法测定氨基酸态氮含量的原理及方法。

（2）熟悉碱式滴定管的使用方法。

二、实验原理

氨基酸具有酸性的—COOH 基团和碱性的—NH_2 基团，它们相互作用而使氨基酸成为中性的内盐。当加入甲醛溶液时，氨基与甲醛作用，其碱性消失，使羧基显示出酸性。用 NaOH 标准滴定溶液滴定—COOH 基团，用间接的方法测定氨基酸态氮含量。

三、适用范围

本方法适用于浅色食品中氨基酸态氮含量的测定。

四、实验试剂、主要仪器设备、实验原料

1. 实验试剂

（1）40％中性甲醛溶液：以百里酚酞为指示剂，用 1 mol/L NaOH 溶液滴定至浅蓝色。

（2）0.1％百里酚酞的乙醇溶液。

（3）0.1％中性红的 50％乙醇溶液。

（4）0.1 mol/L NaOH 标准滴定溶液：其配制和标定方法参考附录 C。

2. 主要仪器设备

碱式滴定装置。

3. 实验原料

啤酒、黄豆发酵液。

五、操作方法

取适量的样品（含氨基酸 20～30 mg）2 份，分别置于 250 mL 锥形瓶中，各加 50 mL 蒸馏水，其中一份加入 3 滴中性红指示剂，用 0.1 mol/L NaOH 标准滴定溶液滴定至由红色变为琥珀色，即为终点。另一份加入 3 滴百里酚酞指示剂及 20 mL 中性甲醛溶液，摇匀，静置 1 min，用0.1 mol/L NaOH 标准滴定溶液滴定至淡蓝色，即为终点。记录两次所消耗的 NaOH 标准滴定溶液的体积。

---

* 引自大连轻工业学院等编写的《食品分析》（中国轻工业出版社 2006 年出版）。

六、计算

$$X = \frac{(V_2 - V_1) \times c \times 0.014}{m} \times 100 \quad (5-9)$$

式中：X——试样中氨基酸态氮的含量，g/100 g（或 g/100 mL）；

c——NaOH 标准滴定溶液的浓度，mol/L；

V_1——用中性红作指示剂滴定时消耗 NaOH 标准滴定溶液的体积，mL；

V_2——用百里酚酞作指示剂滴定时消耗 NaOH 标准滴定溶液的体积，mL；

m——测定用样品溶液相当于样品的质量（或体积），g（或 mL）；

0.014——氮的毫摩尔质量，g/mmol。

七、说明及注意事项

（1）固体样品应先进行粉碎，准确称样后用水萃取，然后测定萃取液。液体试样可直接吸取试样进行测定。萃取时在 50 ℃水浴中进行 0.5 h 即可。

（2）若样品颜色较深，可加适量活性炭脱色后再测定，或用 pH 计法测定。

（3）与本方法类似的还有单指示剂（百里酚酞）甲醛滴定法，此法用标准碱完全中和—COOH 基团时的 pH 值为 8.5～9.5，但分析结果稍偏低，即双指示剂法的结果更准确。

实验八　食品中还原糖与可溶性总糖的测定[*]

一、实验目的

（1）掌握用直接滴定法测定还原糖、可溶性总糖的原理及方法。

（2）熟悉精确滴定、返滴定法的操作方法。

二、实验原理

试样经除去蛋白质后，以亚甲蓝为指示剂，在加热条件下滴定标定过的碱性酒石酸铜溶液（已用还原糖标准溶液标定），根据样品液消耗体积计算还原糖含量。

三、适用范围

本方法适用于食品中还原糖的测定，但测定深色果汁等样品时因色素干扰，滴定终点常常模糊不清，影响准确性。

四、实验试剂、主要仪器设备、实验原料

1. 实验试剂

（1）碱性酒石酸铜甲液：称取 15 g 硫酸铜及 0.05 g 亚甲蓝，溶于水中并稀释到 1000 mL。

（2）碱性酒石酸铜乙液：称取 50 g 酒石酸钾钠及 75 g 氢氧化钠，溶于水中，再加入 4 g 亚铁氰化钾，完全溶解后，用水稀释至 1000 mL，贮于带橡皮塞玻璃瓶中。

（3）乙酸锌溶液（219 g/L）：称取 21.9 g 乙酸锌，加 3 mL 冰乙酸，加水溶解并稀释到

___
[*] 本实验参考 GB 5009.7—2016 第一法。

100 mL。

（4）亚铁氰化钾溶液（106 g/L）：称取 10.6 g 亚铁氰化钾，溶于水中，稀释至 100 mL。

（5）盐酸（1+1）：量取 50 mL 水，加 50 mL 浓盐酸混合。

（6）葡萄糖标准溶液：准确称取经过 98～100 ℃烘箱中干燥 2 h 后的葡萄糖（$C_6H_{12}O_6$）1 g，加水溶解后加入 5 mL 盐酸（1+1），并用水定容至 1000 mL。此溶液每毫升相当于 1.0 mg 葡萄糖。葡萄糖标准溶液如果现配现用，可以不加盐酸，用碱式滴定管进行滴定。

（7）转化糖标准溶液（1.0 mg/mL）：准确称取 1.0526 g 蔗糖标准品，用 100 mL 水溶解，置于具塞锥形瓶中，加入 5 mL 盐酸（1+1），在 68～70 ℃水浴中加热 15 min，放置至室温，转移至 1000 mL 容量瓶中并加水定容至 1000 mL，每毫升标准溶液相当于 1.0 mg 转化糖。

（8）0.1％甲基红的乙醇溶液。

（9）4％氢氧化钠溶液。

（10）20％氢氧化钠溶液。

2. 主要仪器设备

（1）天平：感量为 0.1 mg。

（2）恒温水浴锅。

（3）可调温电炉。

（4）酸式滴定装置或碱式滴定装置。

3. 实验原料

鲜橙多饮料、蜂蜜、奶粉等。

五、测定方法

1. 试样制备

（1）含淀粉的食品：称取粉碎或混匀后的试样 10～20 g（精确至 0.001 g），置于 250 mL 容量瓶中，加水 200 mL，在 45 ℃水浴中加热 1 h，并时时振摇，冷却后加水至刻度，混匀，静置，沉淀。吸取 200.0 mL 上清液，置于另一个 250 mL 容量瓶中，缓慢加入 5 mL 乙酸锌溶液和 5 mL 亚铁氰化钾溶液，加水至刻度，混匀，静置 30 min，用干燥滤纸过滤，弃去初滤液，取后续滤液备用。

（2）酒精饮料：称取混匀后的试样 100 g（精确至 0.01 g），置于蒸发皿中，用 4％氢氧化钠溶液中和（至中性），在水浴上蒸发至原体积的 1/4 后，移入 250 mL 容量瓶中，缓慢加入 5 mL 乙酸锌溶液和 5 mL 亚铁氰化钾溶液，加水至刻度，混匀，静置 30 min，用干燥滤纸过滤，弃去初滤液，取后续滤液备用。

（3）碳酸饮料：称取混匀后的试样 100 g（精确至 0.01 g），置于蒸发皿中，在水浴上微热并搅拌，除去 CO_2 后，移入 250 mL 容量瓶中，用水洗涤蒸发皿，洗液并入容量瓶，加水至刻度，混匀后备用。

（4）其他食品：称取粉碎后的固体试样 2.5～5 g（精确至 0.001 g）或混匀后的液体试样 5～25 g（精确至 0.001 g），置于 250 mL 容量瓶中，加 50 mL 水，缓慢加入 5 mL 乙酸锌溶液和 5 mL 亚铁氰化钾溶液，加水至刻度，混匀，静置 30 min，用干燥滤纸过滤，弃去初滤液，取后续滤液备用。

（5）测定可溶性总糖时样品制备的方法：依上述试样制备的方法，吸取过滤后的样液 50 mL，放入 100 mL 容量瓶中。加入 5 mL 盐酸（1+1），68～70 ℃水浴中加热 15 min，取出后迅速冷却至室温，加 2 滴甲基红指示剂，用 20％氢氧化钠溶液中和（至中性），加水至刻度，混匀。然后按直接滴定法测定还原糖含量。

2.碱性酒石酸铜溶液的标定

准确吸取碱性酒石酸铜甲液和碱性酒石酸铜乙液各 5.00 mL,置于 150 mL 锥形瓶中,加 10 mL 水、3 粒玻璃珠。从滴定管滴加约 9 mL 葡萄糖标准溶液,控制在 2 min 内加热至沸,准确沸腾 30 s 后,趁热以每 2 s 1 滴的速度继续滴加葡萄糖标准溶液,直至溶液蓝色刚好褪去,即为终点。记录消耗葡萄糖标准溶液的总体积。平行操作三次,取其平均值,按式(5-10)计算 10 mL 碱性酒石酸铜溶液相当于葡萄糖的质量。

$$m_1 = C \times V_s \tag{5-10}$$

式中:m_1——10 mL 碱性酒石酸铜溶液相当于葡萄糖的质量,mg;

$\quad$ C——葡萄糖标准溶液的浓度,mg/mL;

$\quad$ V_s——标定时消耗葡萄糖标准溶液的总体积,mL。

3.样品溶液预测

吸取碱性酒石酸铜甲液及碱性酒石酸铜乙液各 5.00 mL,置于 150 mL 锥形瓶中,加 10 mL 水、3 粒玻璃珠,控制在 2 min 内加热至沸,准确沸腾 30 s 后,趁热以先快后慢的速度从滴定管中滴加样品溶液,滴定时要始终保持溶液呈沸腾状态。待溶液颜色变浅时,以每 2 s 1 滴的速度滴定,直至溶液蓝色刚好褪去,即为终点。记录消耗的样品溶液的体积。

注:当样液中还原糖浓度过高时,应适当稀释后再进行正式测定,将每次滴定消耗样液的体积控制在与标定碱性酒石酸铜溶液时所消耗的还原糖标准溶液的体积相近,约 10 mL,结果按式(5-11)计算;当浓度过低时,则采取返滴定法,直接加入 10 mL 样品液,免去加水 10 mL,再用还原糖标准溶液滴定至终点,记录消耗的还原糖标准溶液的体积与标定时消耗的还原糖标准溶液体积之差相当于 10 mL 样液中所含还原糖的量,结果按式(5-12)计算。

4.样品溶液测定

吸取碱性酒石酸铜甲液及碱性酒石酸铜乙液各 5.00 mL,置于 150 mL 锥形瓶中,加 10 mL 水、3 粒玻璃珠,从滴定管中加入比预测体积少 1 mL 的样品溶液,加热使其在 2 min 内沸腾,准确沸腾 30 s 后,以每 2 s 1 滴的速度继续滴加样液,直至蓝色刚好褪去,即为终点。记录消耗样品溶液的总体积。平行操作三次,取平均值。

六、计算

(1) 直接滴定法测定还原糖含量时,计算公式如下:

$$X = \cfrac{m_1}{m \times F \times \cfrac{V}{250} \times 1000} \times 100 \tag{5-11}$$

式中:X——试样中还原糖的含量(以某种还原糖计),g/100 g;

$\quad$ m_1——碱性酒石酸铜溶液相当于某种还原糖的质量,mg;

$\quad$ m——试样质量,g;

$\quad$ F——系数,对试样制备(1)为 0.8,其余为 1;

$\quad$ V——测定时消耗试样溶液的平均体积,mL;

$\quad$ 250——定容体积,mL。

(2) 当浓度过低时,采用返滴定法,试样中还原糖的含量按下式计算:

$$X = \cfrac{m_2}{m \times F \times \cfrac{10}{250} \times 1000} \times 100 \tag{5-12}$$

式中:X——试样中还原糖的含量(以某种还原糖计),g/100 g;

　　　m_2——标定时消耗的还原糖标准溶液的体积与加入样品后消耗的还原糖标准溶液的体积之差相当于某种还原糖的质量,mg;

　　　m——试样质量,g;

　　　F——系数,对试样制备(1)为0.8,其余为1;

　　　250——定容体积,mL。

(3) 直接滴定法测定可溶性总糖含量时,计算公式如下:

$$X = \frac{m_1}{m \times F \times \frac{50}{100} \times \frac{V}{250} \times 1000} \times 100 \qquad (5\text{-}13)$$

式中:X——试样中可溶性总糖的含量(以某种还原糖计),g/100 g;

　　　m_1——碱性酒石酸铜溶液相当于某种还原糖的质量,mg;

　　　m——试样质量,g;

　　　F——系数,对试样制备(1)为0.8,其余为1;

　　　V——测定时消耗试样溶液的平均体积,mL;

　　　250——定容体积,mL。

还原糖含量≥10 g/100 g时,计算结果保留三位有效数字;还原糖含量<10 g/100 g时,计算结果保留两位有效数字。

精密度:在重复性条件下获得的两次独立测定结果的绝对差值不得超过算术平均值的5%。

七、说明及注意事项

(1) 碱性酒石酸铜的氧化能力较强,醛糖和酮糖都可被氧化,所以测得的是总还原糖量。

(2) 本方法是根据一定量的碱性酒石酸铜溶液(Cu^{2+}量一定)消耗的样液量来计算样液中还原糖含量,反应体系中Cu^{2+}的含量是定量的基础,因此在样品处理时,不能用铜盐作为澄清剂,以免样液中引入Cu^{2+},得到错误的结果。

(3) 亚甲蓝也是一种氧化剂,但在测定条件下氧化能力比Cu^{2+}弱,故还原糖先与Cu^{2+}反应,Cu^{2+}完全反应后,稍过量的还原糖才与亚甲蓝指示剂反应,使之由蓝色变为无色,指示到达终点。

(4) 为消除氧化亚铜沉淀对滴定终点观察的干扰,在碱性酒石酸铜乙液中加入少量亚铁氰化钾,使之与Cu_2O生成可溶性的无色配合物,而不再析出红色沉淀。

(5) 碱性酒石酸铜甲液和乙液应分别贮存,用时才混合,否则酒石酸钾钠铜配合物长期在碱性条件下会慢慢分解析出氧化亚铜沉淀,使试剂有效浓度降低。

(6) 滴定必须在沸腾条件下进行,其原因一是可以加快还原糖与Cu^{2+}的反应速度;二是亚甲蓝变色反应是可逆的,无色的还原型亚甲蓝与空气中氧接触时又会被氧化为蓝色的氧化型。此外,氧化亚铜也极不稳定,易被空气中的氧气氧化。保持反应液沸腾可防止空气进入,避免亚甲蓝和氧化亚铜被氧化而增加耗糖量。

(7) 滴定时不能随意摇动锥形瓶,更不能把锥形瓶从热源上取下来滴定,以防止空气进入反应溶液中。

（8）样品溶液预测的目的：一是通过预测可了解样品溶液浓度是否合适（1 mg/mL 左右），样液的浓度应与标准糖液的浓度相近，使预测时消耗样液量在 10 mL 左右；二是通过预测可了解样液大概消耗量，以便在正式测定时，预先加入比实际用量少 1 mL 左右的样液，只留下 1 mL 左右样液在续滴定时加入，以保证在 1 min 内完成续滴定工作，提高测定的准确度。

（9）影响测定结果的主要操作因素是反应液碱度、热源强度、煮沸时间和滴定速度。反应液碱度直接影响二价铜与还原糖反应的速度、反应进行的程度及测定结果。因此，必须严格控制反应液的体积，标定和测定时消耗的体积应接近，使反应体系碱度一致。热源一般采用800 W 电炉，热源强度应控制在使反应液在 2 min 内沸腾，且应保持一致。煮沸时间和滴定速度对结果影响也较大，一般煮沸时间短，消耗糖液多；滴定速度过快，消耗糖量多。因此，测定时应严格控制上述实验条件，力求一致。平行实验样液消耗量相差不应超过 0.1 mL。

（10）若样液中的还原糖含量很低，可采用返滴定法，即准确吸取 10 mL 样液加入 10 mL（碱性酒石酸铜甲、乙液各 5.00 mL）溶液中，加 3 颗玻璃珠，用还原糖标准溶液滴定至终点，计算样液中的还原糖含量。

（11）在营养学上，总糖是指能被人体消化、吸收利用的糖类物质的总和。但这里所指的总糖不包括淀粉，因为在测定条件下，淀粉的水解作用很微弱。

（12）当称样量为 5 g 时，定量限为 0.25 g/100 g。

八、思考题

（1）直接滴定法测定样品中的还原糖时，为何要在沸腾的溶液中进行？

（2）为什么滴定到终点，把锥形瓶从电炉上拿下来后溶液颜色又复原？

实验九　食品中淀粉的测定
Ⅰ　酶水解法*

一、实验目的

（1）掌握酶水解法测定淀粉含量的原理及方法。

（2）熟悉直接滴定法测定还原糖含量的操作方法。

二、实验原理

样品经除去脂肪和可溶性糖类后，在淀粉酶的作用下，其淀粉水解为小分子糖，再用盐酸进一步水解为葡萄糖，然后按还原糖测定法测定其还原糖含量，并换算成淀粉含量。

三、适用范围

淀粉酶具有严格的选择性，它只水解淀粉而不会水解其他多糖，水解后通过过滤可除去其他多糖。所以该法不受半纤维素、多缩戊糖、果胶质等多糖的干扰，适合于多糖含量高的样品，分析结果准确可靠，但操作复杂费时。

---

* 参考 GB 5009.9—2016 第一法。

四、实验试剂、主要仪器设备、实验原料

1. 实验试剂

(1) 乙醚或石油醚。

(2) 盐酸(1+1)。

(3) 20%氢氧化钠溶液。

(4) 0.2%甲基红的乙醇溶液。

(5) 乙醇溶液(85%,体积分数):取 85 mL 无水乙醇,加水定容至 100 mL,混匀。也可用 95%乙醇配制。

(6) 0.5%淀粉酶溶液:称取高峰氏淀粉酶 0.5 g,加 100 mL 水溶解,临用时配制;也可加入数滴甲苯或三氯甲烷防止长霉,置于 4 ℃冰箱中。

(7) 碘溶液:称取 3.6 g 碘化钾,溶于 20 mL 水中,加入 1.3 g 碘,溶解后加水定容到 100 mL。

(8) 其余试剂同直接滴定法测定还原糖含量。

2. 主要仪器设备

(1) 天平:感量为 1 mg 和 0.1 mg。

(2) 恒温水浴锅:可加热至 100 ℃。

(3) 组织捣碎机。

3. 实验原料

面粉、米粉等。

五、测定方法

1. 样品处理

将样品磨碎过 0.425 mm 筛(相当于 40 目),称取 2~5 g(精确到 0.001 g)样品,置于铺有折叠滤纸的漏斗内,先用 50 mL 石油醚或乙醚分五次洗涤以除去脂肪,再用约 100 mL 85%的乙醇溶液分次洗去可溶性糖类。根据样品的实际情况,可适当增加洗涤液的用量和洗涤次数,以保证干扰检测的可溶性糖类物质洗涤完全。滤干乙醇,将残留物移入 250 mL 烧杯内,并用 50 mL 水洗净滤纸,洗液并入烧杯内。

2. 酶水解

将烧杯置于沸水浴上加热 15 min,使淀粉糊化,放冷至 60 ℃以下,加入 20 mL 淀粉酶溶液,在 55~60 ℃保温 1 h,并不时搅拌。取 1 滴此液,置于白色点滴板上,加 1 滴碘液,应不呈蓝色,若呈蓝色,再加热糊化,冷却至 60 ℃以下,再加 20 mL 淀粉酶溶液,继续保温,直至酶解液加碘液后不呈蓝色为止。加热至沸使酶失活,冷却后移入 250 mL 容量瓶中,加水定容。混匀后过滤,弃去初滤液,收集滤液备用。

3. 酸水解

取 50 mL 上述滤液,置于 250 mL 锥形瓶中,加 5 mL 盐酸(1+1),装上回流装置,在沸水浴中回流 1 h,冷却后加 2 滴甲基红指示剂,用 20%氢氧化钠溶液中和(至中性)。把溶液移入 100 mL 容量瓶中,洗涤锥形瓶,洗液并入 100 mL 容量瓶中,加水定容,摇匀,供测定用。

4. 水解液中还原糖含量的测定

按直接滴定法测定还原糖含量方法进行。

5. 试剂空白溶液的测定

同时量取 50 mL 水及与试样溶液处理时相同量的淀粉酶溶液,按返滴定法做试剂空白实验。即:用葡萄糖标准溶液滴定试剂空白溶液至终点,记录消耗的体积与标定时消耗的葡萄糖标准溶液体积之差相当于 10 mL 样液中所含葡萄糖的量(mg)。计算试剂空白溶液中葡萄糖的含量。

六、计算

(1)
$$X_1 = \frac{m_1}{\frac{50}{250} \times \frac{V_1}{100}}$$
(5-14)

式中:X_1——所称试样中葡萄糖的量,mg;

　　　m_1——10 mL 碱性酒石酸铜溶液相当于葡萄糖的质量,mg;

　　　50——测定用样品溶液的体积,mL;

　　　250——样品定容体积,mL;

　　　V_1——测定时消耗试样溶液的平均体积,mL;

　　　100——测定用样品的定容体积,mL。

(2)
$$X_0 = \frac{m_0}{\frac{50}{250} \times \frac{10}{100}}$$
(5-15)

其中
$$m_0 = m_1 \left(1 - \frac{V_0}{V_s}\right)$$
(5-16)

式中:X_0——试剂空白值,mg;

　　　m_0——标定 10 mL 碱性酒石酸铜溶液时消耗的葡萄糖标准溶液的体积与加入空白后消耗的葡萄糖标准溶液的体积之差相当于葡萄糖的质量,mg;

　　　50——测定用样品溶液的体积,mL;

　　　250——样品定容体积,mL;

　　　10——直接加入的试样体积,mL;

　　　100——测定用样品的定容体积,mL;

　　　V_0——加入空白试样后消耗的葡萄糖标准溶液的体积,mL;

　　　V_s——标定 10 mL 碱性酒石酸铜溶液时消耗的葡萄糖标准溶液的体积,mL。

(3)
$$X = \frac{(X_1 - X_0) \times 0.9}{m \times 1000} \times 100$$
(5-17)

式中:X——试样中淀粉的含量,g/100 g;

　　　0.9——还原糖(以葡萄糖计)换算成淀粉的换算系数;

　　　m——试样质量,g。

当计算结果<1 g/100 g 时,保留两位有效数字;当计算结果≥1 g/100 g 时,保留三位有效数字。

精密度:在重复性条件下获得的两次独立测定结果的绝对差值不得超过算术平均值的 10%。

七、说明及注意事项

(1)脂肪的存在会妨碍酶对淀粉的作用及可溶性糖类的去除,故应用乙醚脱脂。若样品中脂肪含量较少,可省略此步骤。

（2）淀粉粒具有晶格结构,淀粉酶难以作用。加热糊化破坏了淀粉的晶格结构,使其易于被淀粉酶作用。

八、思考题

（1）样品经加热使淀粉糊化后,为何要放冷至 60 ℃以下,才加入淀粉酶溶液?

（2）若样品中含有较多的脂肪,需要对样品作何前处理?

Ⅱ　酸水解法[*]

一、实验目的

（1）掌握酸水解法测定淀粉含量的原理及方法。

（2）熟悉直接滴定法测定还原糖含量的操作方法。

二、实验原理

样品经石油醚或乙醚除去脂肪,乙醇除去可溶性糖类后,用酸水解淀粉为葡萄糖,按还原糖测定方法测定还原糖含量,再换算为淀粉含量。

三、适用范围及特点

本方法适用于淀粉含量较高,而半纤维素和多缩戊糖等其他多糖含量较少的样品。对于富含半纤维素、多缩戊糖及果胶质的样品,因水解时这些糖也被水解为木糖、阿拉伯糖等还原糖,测定结果偏高。该法操作简单、应用广泛,但选择性和准确性不及酶水解法。

四、实验试剂、主要仪器设备、实验原料

1. 实验试剂

（1）石油醚或乙醚。

（2）85％乙醇溶液。

（3）盐酸（1+1）。

（4）40％氢氧化钠溶液。

（5）0.2％甲基红的乙醇溶液。

（6）精密 pH 试纸:pH 6.8～7.2。

（7）20％中性乙酸铅溶液。

（8）10％硫酸钠溶液。

（9）其余试剂同直接滴定法测定还原糖含量。

2. 主要仪器设备

（1）天平:感量为 1 mg 和 0.1 mg。

（2）恒温水浴锅:可加热至 100 ℃。

（3）组织捣碎机。

---

[*]　参考 GB 5009.9—2016 第二法。

（4）回流装置：附 250 mL 锥形瓶。

3. 实验原料

面粉、米粉、红薯等。

五、测定方法

1. 样品处理

（1）易于粉碎的试样：将样品磨碎过 0.425 mm 筛（相当于 40 目），称取 2～5 g（精确到 0.001 g）样品，置于铺有慢速滤纸的漏斗中，用 50 mL 石油醚或乙醚分五次洗去样品中的脂肪。用 150 mL 乙醇溶液（85％，体积分数）分数次洗涤残渣，以充分除去可溶性糖类物质。根据样品的实际情况，可适当增加洗涤液的用量和洗涤次数，以保证干扰检测的可溶性糖类物质洗涤完全。滤干乙醇溶液，以 100 mL 水洗涤漏斗中残渣并转移至 250 mL 锥形瓶中。

（2）其他试样：称取一定量样品，准确加入适量水并在组织捣碎机中捣成匀浆（蔬菜、水果需先洗净晾干，取可食部分）。称取相当于原样质量 2.5～5 g（精确到 0.001 g）的匀浆，置于 250 mL 锥形瓶中，用 50 mL 石油醚或乙醚分五次洗去试样中脂肪，弃去石油醚或乙醚。以下按样品处理（1）自"用 150 mL 乙醇溶液（85％，体积分数）"起依法操作。

2. 水解

于上述 250 mL 锥形瓶中加入 30 mL 盐酸（1+1），装上冷凝管，置于沸水浴中回流 2 h。回流完毕，立即用流动水冷却。加入两滴甲基红指示剂，先用 40％氢氧化钠溶液调到黄色，再用盐酸（1+1）调到刚好变为红色。若水解液颜色较深，可用精密 pH 试纸测试，使样品水解液的 pH 值约为 7。然后加入 20 mL 20％中性乙酸铅溶液，摇匀后放置 10 min，以沉淀蛋白质、果胶等杂质。再加入 20 mL 10％硫酸钠溶液，以除去过多的铅离子。摇匀后将全部溶液及残渣转入 500 mL 容量瓶中，用水洗涤锥形瓶，洗液并入容量瓶中，加水稀释至刻度。过滤，弃去初滤液 20 mL，滤液供测定用。加水定容，过滤，弃去初滤液，收集滤液供测定用。

空白实验：取 100 mL 水和 30 mL 盐酸（1+1），置于 250 mL 锥形瓶中，按上述方法操作，得试剂空白液。

3. 测定

按直接滴定法测定还原糖的方法进行。

六、计算

$$X = \frac{(A_1 - A_2) \times 0.9}{m \times \dfrac{V}{500} \times 1000} \times 100 \qquad (5\text{-}18)$$

式中：X——试样中淀粉的含量，g/100 g；

　　　A_1——测定用试样水解液中葡萄糖质量，mg；

　　　A_2——试剂空白液中葡萄糖质量，mg；

　　　0.9——葡萄糖换算成淀粉的换算系数；

　　　m——称取试样的质量，g；

　　　V——测定用试样水解液的体积，mL；

　　　500——试样液总体积，mL。

计算结果保留三位有效数字。

精密度:在重复性条件下获得的两次独立测定结果的绝对差值不得超过算术平均值的 10%。

七、说明及注意事项

(1) 样品含脂肪时,会妨碍乙醇溶液对可溶性糖类的提取,所以要用乙醚除去。脂肪含量较低时,可省去乙醚脱脂肪步骤。

(2) 样品中加入乙醇溶液后,混合液中乙醇的浓度应在 80% 以上,以防止糊精随可溶性糖类一起被洗掉。如要求测定结果不包括糊精,则用 10% 乙醇溶液洗涤。

(3) 因水解时间较长,应采用回流装置,以保证水解过程中盐酸的浓度不发生大的变化。

(4) 水解条件要严格控制,保证淀粉水解完全,并避免因加热时间过长对葡萄糖产生影响(形成糠醛聚合体,失去还原性)。

(5) 乙酸铅的作用是沉淀蛋白质、果胶等杂质,10% 硫酸钠溶液的作用是除去过量的铅离子。沉淀蛋白质也可以用 21.9% 乙酸锌溶液和 10.6% 亚铁氰化钾溶液代替。

八、思考题

(1) 样品处理时为什么要脱脂、脱可溶性糖?

(2) 淀粉加盐酸水解后,加 40% 氢氧化钠溶液的作用是什么?

实验十　食品中氯化钠的测定(莫尔法)[*]

一、实验目的

(1) 掌握食品中氯化钠的测定原理及方法。

(2) 熟悉硝酸银标准溶液的配制和标定。

二、实验原理

在中性或弱碱性溶液中,以铬酸钾为指示剂,用硝酸银标准溶液进行滴定。由于 AgCl 的溶解度比 Ag_2CrO_4 小,因此溶液中首先析出 AgCl 沉淀;当 AgCl 定量析出后,过量的硝酸银即与 CrO_4^{2-} 生成 Ag_2CrO_4 橘红色沉淀,达到终点。

$$Ag^+ + Cl^- \longrightarrow AgCl \downarrow (白色)$$
$$2Ag^+ + CrO_4^{2-} \longrightarrow Ag_2CrO_4 \downarrow (橘红色)$$

三、适用范围

本方法适合食品中氯化钠含量的测定。

四、实验试剂、主要仪器设备、实验原料

1. 实验试剂

(1) 0.1 mol/L 硝酸银标准溶液:称取 17 g 硝酸银($AgNO_3$),用水溶解后转移到 1000 mL

---

[*] 本实验参考 GB 5009.44—2016 和 GB 5009.39—2003。

棕色容量瓶中,用水稀释至刻度,摇匀,转移到棕色试剂瓶中贮存。

(2) 氯化钠(NaCl):基准试剂,纯度≥99.8%。

(3) 5%铬酸钾(K_2CrO_4)溶液。

(4) 20%乙酸铅溶液。

(5) 10%硫酸钠溶液。

(6) 1%酚酞乙醇溶液。

(7) 0.1 mol/L NaOH 溶液。

2. 主要仪器设备

(1) 天平:感量为 0.1 mg 和 1 mg。

(2) 恒温水浴锅。

(3) 棕色酸式滴定管。

(4) 组织捣碎机。

3. 实验原料

香肠、酸豆角、酱油。

五、操作方法

1. 0.1 mol/L 硝酸银标准溶液的标定

准确称取 1.4~1.6 g 经 500~600 ℃灼烧至恒重的基准试剂氯化钠,于 100 mL 小烧杯中溶解后,转入 250 mL 容量瓶中,用蒸馏水洗涤烧杯 2~3 次,洗液一并转入容量瓶中,定容。

准确吸取 25.00 mL 上述氯化钠标准溶液,置于 250 mL 锥形瓶中,加 25 mL 水,再加 1 mL 5%铬酸钾指示剂,用 0.1 mol/L 硝酸银标准溶液滴定至出现橘红色沉淀,记下消耗硝酸银标准溶液的体积。平行测定三次,计算硝酸银标准溶液的准确浓度。

2. 样品处理

(1) 固体样品(炭化浸出法):如样品色泽过深,终点不易辨认,可称取 1.00~2.00 g 切碎均匀的样品,置于瓷蒸发皿中,用小火炭化完全,炭化成分用玻璃棒研碎;然后加 25~30 mL 水,用小火煮沸;冷却后,过滤于 100 mL 容量瓶中,并以热水少量分次洗涤残渣及滤器,洗液并入容量瓶中,冷至室温,加水至刻度,混匀备用。

(2) 固体样品(湿法浸出法):准确称取 5~20 g 粉碎均匀的样品,置于 250 mL 烧杯中,加入 100~150 mL 蒸馏水、20 mL 20%乙酸铅溶液,20 mL 10%硫酸钠溶液,在沸水浴中保温浸泡 30 min,冷却后转移到 250 mL 容量瓶中,定容,过滤,弃去初滤液 15~20 mL,收集滤液备用。

3. 滴定

1) 固体样品的测定

用移液管吸取 25.0 mL 上述滤液,置于 250 mL 锥形瓶中,加 25 mL 水、2~3 滴 1%酚酞乙醇溶液,用 0.1 mol/L NaOH 溶液滴定至淡粉红色,再加入 1 mL 5%铬酸钾溶液,用 0.1 mol/L硝酸银标准溶液滴定至出现橘红色,即为终点。同时做空白实验,记录消耗硝酸银标准溶液的体积。

2) 酱油样品的测定

用移液管准确吸取 5.00 mL 酱油样品,置于 100 mL 容量瓶中,用蒸馏水定容。准确吸取

2.00 mL 试样稀释液,置于 150～200 mL 锥形瓶中,加 100 mL 水,加 1 mL 5‰铬酸钾溶液,摇匀,用硝酸银标准溶液滴定至初显橘红色,记下消耗硝酸银标准溶液的体积,平行测定三次。

取 100 mL 蒸馏水,加 1 mL 5‰铬酸钾溶液,用硝酸银标准溶液滴定至初显橘红色,记下空白溶液消耗硝酸银标准溶液的体积。

六、计算

1.硝酸银标准溶液的准确浓度

$$c = \frac{m_1 \times \dfrac{25}{250}}{V_1 \times 0.0585} \tag{5-19}$$

式中:c——硝酸银标准溶液的浓度,mol/L;

　　　V_1——滴定基准试剂氯化钠时消耗硝酸银标准溶液的体积,mL;

　　　m_1——氯化钠的质量,g。

2.氯化钠含量的计算

$$X(\text{固体样品}) = \frac{c \times (V_2 - V_0) \times 0.0585}{m_2 \times \dfrac{25}{250}} \times 100 \tag{5-20}$$

$$X(\text{酱油}) = \frac{c \times (V_2 - V_0) \times 0.0585}{5.00 \times \dfrac{2}{100}} \times 100 \tag{5-21}$$

式中:X——氯化钠含量,g/100 g 或 g/100 mL;

　　　c——硝酸银标准溶液的浓度,mol/L;

　　　V_2——滴定样液消耗硝酸银标准溶液的体积,mL;

　　　V_0——滴定空白液消耗硝酸银标准溶液的体积,mL;

　　　m_2——固体试样质量,g。

当氯化钠含量≥1‰时,结果保留三位有效数字;当氯化钠含量<1‰时,结果保留两位有效数字。

精密度:在重复性条件下获得的两次独立测定结果的绝对差值,固体样品不得超过算术平均值的 5‰,酱油样品不得超过算术平均值的 10‰。

七、说明及注意事项

(1) 莫尔法必须在中性或弱碱性溶液中进行,最适宜 pH 6.5～10.5,如有铵盐存在,为避免生成 $[Ag(NH_3)_2]^+$,pH 值应调节到 6.5～7.2。

(2) 指示剂的用量对滴定有影响,一般为 5.0×10^{-3} mol/L。如果铬酸钾的浓度过高,终点将过早出现,且因溶液颜色过深而影响终点的观察;若铬酸钾的浓度过低,则终点将延迟出现,也影响滴定的准确度。

(3) 蛋白质能吸附银的化合物而影响结果,因此高蛋白的样品溶液应先除去蛋白质再进行氯化钠的测定。

(4) 由于滴定时生产的 AgCl 沉淀容易吸附溶液中的氯离子,使溶液中的氯离子浓度降低,终点提前到达,故滴定时必须剧烈摇动,使被吸附的氯离子释放出来以减少误差。

(5) 硝酸银见光易分解,故应保存在棕色瓶中。

（6）硝酸银若与有机物作用,则起还原作用,加热后颜色变黑,所以不要使硝酸银和皮肤接触。

（7）实验结束后,盛装硝酸银溶液的滴定管应先用蒸馏水冲洗 2～3 次,再用自来水冲洗,以免产生 AgCl 沉淀,难以洗净。

（8）含银废液应予以回收,且不能随意倒入水槽。

八、思考题

（1）用莫尔法测定氯化钠含量时,为什么要控制溶液的 pH 值在 6.5～10.5?

（2）以铬酸钾为指示剂时,浓度过大或过小对测定有何影响?

实验十一　食品中总黄酮的测定(分光光度法)*

一、实验目的

（1）掌握分光光度法测定食品中总黄酮含量的原理及方法。

（2）熟悉分光光度计的使用方法。

二、实验原理

食品中的总黄酮(以芦丁计)经乙醇溶液提取后,在弱碱性条件下与铝盐生成螯合物,加入氢氧化钠溶液后显红色,在 508 nm 波长处测定吸光度,一定范围内其吸光度值与黄酮含量成正比,故可比色测定。

三、适用范围

本方法适用于食品中总黄酮含量的测定。

四、实验试剂、主要仪器设备、实验原料

1. 实验试剂

（1）5%亚硝酸钠溶液。

（2）4%氢氧化钠溶液。

（3）10%硝酸铝溶液:准确称取 17.60 g 硝酸铝,置于烧杯中,加适量水溶解,转入 100 mL 容量瓶中,加水定容,摇匀,备用。

（4）乙醇溶液(7+3):取 70 mL 无水乙醇,加入 30 mL 水中,混匀,备用。

（5）乙醇溶液(3+7):取 30 mL 无水乙醇,加入 70 mL 水中,混匀,备用。

（6）芦丁标准品。

2. 主要仪器设备

（1）可见分光光度计。

（2）天平:感量为 0.1 mg 和 0.01 g。

（3）涡旋混合器。

（4）高速粉碎机:最高转速不低于 10000 r/min。

---

　　* 本实验参考《枸杞中黄酮类化合物的测定》(NY/T 3903—2021)。

（5）离心机：最高转速不低于 4000 r/min。

（6）破壁机：最高转速不低于 10000 r/min。

（7）水浴振荡器：振荡频率不低于 240 r/min。

3. 实验原料

枸杞、茶叶、葡萄酒等。

五、操作方法

1. 试样制备

（1）枸杞干果：去除枸杞果柄，先将样品置于 -18 ℃冷冻 12 h 以上，取出后立即用高速粉碎机粉碎至粉末状，置于样品瓶中，-18 ℃冷冻保存。

（2）枸杞鲜果：去除枸杞果柄，使用破壁机匀浆。

2. 试样提取

（1）枸杞干果：准确称取粉碎试样 1 g，置于 50 mL 离心管中，加入 20 mL 乙醇溶液（7+3）涡旋混匀 1 min，在 60 ℃水浴 200 r/min 振荡提取 30 min 后，4000 r/min 离心 5 min，将上清液转入 50 mL 容量瓶中，残渣用 20 mL 乙醇溶液（7+3）重复提取一次，合并上清液，冷却至室温，定容。准确吸取上清液 1.00 mL，置于 10 mL 离心管，加入 4.00 mL 无水乙醇，摇匀，静置 5 min，4000 r/min 离心 5 min，将上清液转入 10 mL 比色管中，待测。

（2）枸杞鲜果：称取捣碎后的浆状试样 10 g（精确至 0.01 g），置于 50 mL 离心管中，其他提取步骤同枸杞干果。

3. 标准曲线的绘制

（1）芦丁标准溶液的配制：精密称取 100 mg 芦丁标准品，用乙醇溶液（7+3）溶解，转入 100 mL 棕色容量瓶中，定容，摇匀，配制成 1.00 mg/mL 标准贮备液。

（2）绘制标准曲线：分别吸取芦丁标准贮备液（1.00 mg/mL）0 mL、0.10 mL、0.20 mL、0.30 mL、0.40 mL、0.50 mL，置于 10.0 mL 比色管中，加入 4.00 mL 无水乙醇，摇匀，加入 0.5 mL 5％亚硝酸钠溶液，摇匀，静置 5 min；加入 0.5 mL 10％硝酸铝溶液，摇匀，静置 5 min；加入 2.0 mL 4％氢氧化钠溶液，摇匀。最后用乙醇溶液（3+7）定容，得到浓度为 0 mg/L、10 mg/L、20 mg/L、30 mg/L、40 mg/L、50 mg/L 的标准系列工作液，在 508 nm 波长下测定吸光度。以芦丁质量浓度（mg/L）为横坐标，相应的吸光度为纵坐标，绘制标准曲线。

4. 样品待测液的测定

在样品待测液中加入 0.5 mL 5％亚硝酸钠溶液，摇匀，静置 5 min；加入 0.5 mL 10％硝酸铝溶液，摇匀，静置 5 min；加入 2.0 mL 4％氢氧化钠溶液，摇匀。最后用乙醇溶液（3+7）定容至 10 mL，摇匀，在 508 nm 波长下测定吸光度。同时做空白实验。

5. 空白实验

吸取 1.00 mL 乙醇溶液（7+3），置于 10 mL 比色管中，加入 4 mL 无水乙醇，摇匀，加入 0.5 mL 5％亚硝酸钠溶液，摇匀，其他步骤同样品待测液的测定。

六、计算

$$X = \frac{(C-C_0) \times 50 \times 10}{m \times 1 \times 1000} \tag{5-22}$$

式中:X——样品中总黄酮的含量(以芦丁计),mg/g;

　　C——从标准曲线上查得试样待测液中总黄酮的质量浓度,mg/L;

　　C_0——从标准曲线上查得空白待测液中总黄酮的质量浓度,mg/L;

　　m——样品的质量,g。

计算结果保留三位有效数字。

精密度:在重复性条件下获得的两次独立测定结果的绝对差值不得超过算术平均值的 10%。

七、说明及注意事项

(1) 可见分光光度法测定总黄酮含量时,应注意控制反应时间、显色时间以及试剂用量等条件。

(2) 本方法的检出限为 0.1 mg/g,定量限为 0.3 mg/g。

八、思考题

(1) 测定总黄酮含量时,加入 5%亚硝酸钠溶液的作用是什么?

(2) 食品中的总黄酮有哪些种类?

实验十二　食品中脂肪的测定
Ⅰ　索氏提取法[*]

一、实验目的

(1) 掌握索氏提取法测定食品中脂肪的方法。

(2) 熟练掌握分析天平、索氏提取装置的使用方法。

(3) 理解造成索氏提取法测定误差的主要原因。

二、实验原理

脂肪易溶于有机溶剂。试样直接用无水乙醚或石油醚等溶剂抽提后,蒸发除去溶剂,干燥,得到游离态脂肪的含量。

三、适用范围

本方法适用于水果、蔬菜及其制品、粮食及粮食制品、肉及肉制品、蛋及蛋制品、水产及其制品、焙烤食品和糖果等食品中游离态脂肪含量的测定。

四、实验试剂、主要仪器设备、实验原料

1. 实验试剂

(1) 无水乙醚。

(2) 石油醚:沸程为 30~60 ℃。

---

[*]　参考 GB 5009.6—2016 第一法。

2. 主要仪器设备

(1) 索氏抽提器。

(2) 干燥箱。

(3) 干燥器:内附有效干燥剂。

(4) 天平:感量为 1 mg 和 0.1 mg。

(5) 滤纸筒。

(6) 蒸发皿。

(7) 石英砂。

(8) 脱脂棉。

3. 实验原料

全脂奶粉、桃酥、牛油果等。

五、操作方法

1. 固体试样处理

称取充分混匀后的试样 2～5 g,准确至 0.001 g,全部移入滤纸筒内。

2. 半固体或液体试样处理

称取混匀后的试样 5～10 g,准确至 0.001 g,置于蒸发皿中,加入约 20 g 石英砂,于沸水浴上蒸干后,在电热鼓风干燥箱中于 100 ℃±5 ℃干燥 30 min,取出,研细,全部移入滤纸筒内。蒸发皿及粘有试样的玻璃棒均用沾有乙醚的脱脂棉擦净,并将棉花放入滤纸筒内。

3. 抽提

将滤纸筒放入索氏抽提器的抽提筒内,连接已干燥至恒重的接收瓶,由抽提器冷凝管上端加入无水乙醚或石油醚至接收瓶内容积的三分之二处,于水浴上加热,使无水乙醚或石油醚不断回流抽提(6～8 次/h),一般抽提 6～10 h。提取结束时,用磨砂玻璃棒接取 1 滴提取液滴在滤纸上,滤纸上无油斑表明提取完毕。

4. 称量

取下接收瓶,回收无水乙醚或石油醚,待接收瓶内溶剂剩余 1～2 mL 时在水浴上蒸干,再于 100 ℃±5 ℃干燥 1 h,放于干燥器内冷却 0.5 h 后称量。重复以上操作直至恒重(即两次称量的差值不超过 2 mg)。

六、计算

$$X = \frac{m_1 - m_0}{m_2} \times 100 \tag{5-23}$$

式中:X——试样中脂肪的含量,g/100 g;

m_1——恒重后接收瓶和脂肪的含量,g;

m_2——试样的质量,g;

m_0——接收瓶的质量,g;

100——换算系数。

计算结果表示到小数点后一位。

精密度:在重复性条件下获得的两次独立测定结果的绝对差值不得超过算术平均值的 10%。

七、说明及注意事项

（1）样品应干燥后研细，装样品的滤纸筒一定要紧密，不得漏样。

（2）装入滤纸筒中的样品高度不得超过虹吸管的高度，否则超过部分样品中的脂肪不能提取完全，造成误差。

（3）样品、玻璃器皿及其他材料都必须是干燥的，否则导致水溶性物质溶解，影响提取溶剂的提取效果；对于糖及糊精含量高的样品，要先用冷水将糖及糊精溶解，过滤后将残渣连同滤纸一起烘干后放入索氏提取器内。

（4）提取时水浴温度不能过高，一般使乙醚刚开始沸腾即可（约 45 ℃）。

（5）由于乙醚是易燃、易爆物质，用其作为抽提溶剂时应注意通风并且不能有火源。

（6）不得在仪器接口处涂抹凡士林。

八、思考题

（1）索氏提取法测脂肪含量时，滤纸筒中的样品高度不能超过虹吸管高度，为什么？

（2）索氏提取法测脂肪时样品及接触的器具为什么必须是干燥的？对提取剂乙醚有什么要求？

（3）怎么判断脂肪已经提取完全？为什么只能用水浴锅或电热套加热？

Ⅱ　碱性乙醚提取法*

一、实验目的

（1）掌握碱性乙醚提取法测定脂肪的原理和方法。

（2）熟练掌握分析天平及抽脂瓶的使用方法。

（3）理解造成碱性乙醚提取法测定误差的主要原因。

二、实验原理

利用氨水-乙醇溶液破坏乳的胶体性状及脂肪球膜，使非脂成分溶解于氨水-乙醇溶液中，而脂肪游离出来，再用无水乙醚和石油醚提取出脂肪，通过蒸馏或蒸发去除溶剂，残留物即为脂肪。

三、适用范围

本方法适用于乳及乳制品、婴幼儿配方食品中脂肪的测定。

四、实验试剂、主要仪器设备、实验原料

1. 实验试剂

（1）淀粉酶：酶活力 $\geqslant$ 1.5 U/mg。

（2）乙醇：体积分数 $\geqslant$ 95%。

（3）氨水：NH_3 质量分数约 25%。

---

* 参考 GB 5009.6—2016 第三法。

（4）混合溶剂：等体积混合无水乙醚和石油醚（沸程为 30～60 ℃），现用现配。

（5）盐酸（6 mol/L）：量取 50 mL 浓盐酸，缓慢倒入 40 mL 水中，定容至 100 mL，混匀。

（6）碘溶液（0.1 mol/L）：称取 12.7 g 碘和 25 g 碘化钾，于水中溶解并定容至 1 L。

（7）刚果红溶液：将 1 g 刚果红溶于水中，稀释至 100 mL。

注：可选择性地使用。刚果红溶液可使溶剂和水相界面清晰，也可使用其他能使水相染色而不影响测定结果的溶液。

2．主要仪器设备

（1）恒温水浴锅。

（2）干燥箱。

（3）干燥器：内装有效干燥剂。

（4）天平：感量为 0.1 mg。

（5）离心机：可用于放置抽脂瓶或管，转速为 500～600 r/min。

（6）抽脂瓶：抽脂瓶应带有软木塞或其他不影响溶剂使用的瓶塞（如硅胶或聚四氟乙烯）。软木塞应先浸泡于乙醚中，后放入 60 ℃或 60 ℃以上的水中保持至少 15 min，冷却后使用。不用时需浸泡在水中，浸泡用水每天更换一次。

3．实验原料

纯牛奶、乳粉、炼乳、干酪、奶油等。

五、操作方法

1．试样碱水解

1）巴氏杀菌乳、灭菌乳、生乳、发酵乳、调制乳

称取充分混匀试样 10 g（精确至 0.0001 g）于抽脂瓶中。加入 2.0 mL 氨水，充分混合后立即将抽脂瓶放入 65 ℃±5 ℃的水浴中，加热 15～20 min，不时取出振荡。取出后，冷却至室温。静置 30 s。

2）乳粉和婴幼儿食品

（1）称取混匀后的试样，高脂乳粉、全脂乳粉、全脂加糖乳粉和婴幼儿食品约 1 g（精确至 0.0001 g），脱脂乳粉、乳清粉、酪乳粉约 1.5 g（精确至 0.0001 g）。不含淀粉样品：加入 10 mL 65 ℃±5 ℃的水，将试样洗入抽脂瓶的小球，充分混合，直到试样完全分散，放入流动水中冷却。

（2）含淀粉样品：将试样放入抽脂瓶中，加入约 0.1 g 的淀粉酶，混合均匀后，加入 8～10 mL 45 ℃的水，注意液面不要太高。盖上瓶塞，置于 65 ℃±5 ℃水浴中 2 h，每隔 10 min 摇匀一次。为检验淀粉是否水解完全，可加入 2 滴约 0.1 mol/L 的碘溶液，如无蓝色出现说明水解完全，否则将抽脂瓶重新置于水浴中，直至无蓝色产生。待抽脂瓶冷却至室温。加入 2.0 mL 氨水，充分混合后立即将抽脂瓶放入 65 ℃±5 ℃的水浴中，加热 15～20 min，不时取出振荡。取出后，冷却至室温。静置 30 s。

3）炼乳

脱脂炼乳、全脂炼乳和部分脱脂炼乳称取 3～5 g，高脂炼乳称取约 1.5 g（精确至 0.0001 g），用 10 mL 水将试样分次洗入抽脂瓶小球中，充分混合均匀。加入 2.0 mL 氨水，充分混合后立即将抽脂瓶放入 65 ℃±5 ℃的水浴中，加热 15～20 min，不时取出振荡。取出后，冷却至室温。静置 30 s。

4）奶油、稀奶油

先将奶油试样放入温水浴中溶解并混合均匀后,称取试样约 0.5 g(精确至 0.0001 g),稀奶油称取约 1 g,置于抽脂瓶中,加入 8~10 mL 约 45 ℃的水。再加 2 mL 氨水,充分混合后立即将抽脂瓶放入 65 ℃±5 ℃的水浴中,加热 15~20 min,不时取出振荡。取出后,冷却至室温。静置 30 s。

5）干酪

称取约 2 g(精确至 0.0001 g)研碎的试样,置于抽脂瓶中,加 10 mL 6 mol/L 盐酸,混匀,盖上瓶塞,于沸水中加热 20~30 min,取出冷却至室温,静置 30 s。

2. 抽提

加入 10 mL 乙醇,温和但彻底地进行混合,避免液体太接近瓶颈。如果需要,可加入 2 滴刚果红溶液。加入 25 mL 乙醚,塞上瓶塞,将抽脂瓶保持在水平位置,小球的延伸部分朝上夹到摇混器上,按约 100 次/min 的速度振动 1 min,也可采用手动振摇方式。但均应注意避免形成持久乳化液。抽脂瓶冷却后小心地打开塞子,用少量的混合溶剂冲洗塞子和瓶颈,使冲洗液流入抽脂瓶。加入 25 mL 石油醚,塞上重新润湿的塞子,轻轻振荡 30 s。将加塞的抽脂瓶放入离心机中,在 500~600 r/min 下离心 5 min,否则将抽脂瓶静置至少 30 min,直到上层液澄清,并明显与水相分离。小心地打开瓶塞,用少量的混合溶剂冲洗塞子和瓶颈内壁,使冲洗液流入抽脂瓶。如果两相界面低于小球与瓶身相接处,则沿瓶壁边缘慢慢地加入水,使液面高于小球和瓶身相接处,如图 5-3(a)所示,以便于倾倒。将上层液尽可能地倒入已准备好的加入沸石的脂肪收集瓶中,避免倒出水层,如图 5-3(b)所示。用少量混合溶剂冲洗瓶颈外部,冲洗液收集在脂肪收集瓶中。应防止溶剂溅到抽脂瓶的外面。向抽脂瓶中加入 5 mL 乙醇,用乙醇冲洗瓶颈内壁,温和但彻底地进行混合,避免液体太接近瓶颈。用 15 mL 无水乙醚和 15 mL 石油醚按上述操作进行第二次抽提和第三次抽提。空白实验与样品检验同时进行,空白实验采用 10 mL 水代替试样,使用相同步骤和相同试剂。

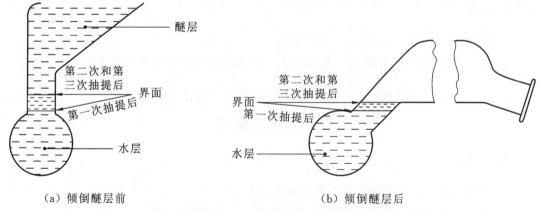

（a）倾倒醚层前   （b）倾倒醚层后

图 5-3 碱水解法抽提操作示意图

3. 称量

合并三次提取液,既可采用蒸馏的方法除去脂肪收集瓶中的溶剂,也可于沸水浴上蒸发至干来除掉溶剂。蒸馏前用少量混合溶剂冲洗瓶颈内部。将脂肪收集瓶放入 100 ℃±5 ℃的烘箱中干燥 1 h,取出后置于干燥器内冷却 0.5 h 后称量。重复以上操作直至恒重(直至两次称量的质量差不超过 2 mg)。

六、计算

$$X = \frac{(m_1 - m_2) - (m_3 - m_4)}{m} \times 100 \tag{5-24}$$

式中：X——试样中脂肪的含量，g/100 g；

m_1——恒重后脂肪收集瓶和脂肪的质量，g；

m_2——脂肪收集瓶的质量，g；

m_3——空白实验中，恒重后脂肪收集瓶和抽提物的质量，g；

m_4——空白实验中脂肪收集瓶的质量，g；

m——样品的质量，g；

100——换算系数。

计算结果保留三位有效数字。

精密度：当样品中脂肪含量≥15%时，两次独立测定结果之差≤0.3 g/100 g；当样品中脂肪含量在5%～15%时，两次独立测定结果之差≤0.2 g/100 g；当样品中脂肪含量≤5%时，两次独立测定结果之差≤0.1 g/100 g。

七、说明及注意事项

（1）乙醚溶剂为萃取试剂，如手动振荡，不要过于剧烈地连续振荡。

（2）乳化现象一般发生在第二次或第三次提取时，静置一段时间，先把没有乳化部分的有机试剂提取至接收瓶中，然后在乳化层加入乙醇溶剂，乳化层会很快分离出水层和有机层。

（3）若实验样品为乳粉，要注意溶解乳粉所用水的温度，过低温度的水无法完全溶解乳粉中的营养物质，过高温度的水会破坏乳粉中的营养物质，常用40～65 ℃的水溶解。

（4）所用乙醚必须是无水乙醚，如含有水分则可能将样品中的糖以及无机物抽出，造成误差。

八、思考题

（1）试述碱性乙醚提取法测定脂肪的原理。

（2）在实验过程中加入浓氨水、无水乙醇、乙醚和石油醚的作用分别是什么？

实验十三　食品中蛋白质的测定
Ⅰ　凯氏定氮法[*]

一、实验目的

（1）掌握凯氏定氮法测定食品中蛋白质的方法。

（2）熟练掌握凯氏定氮法消化装置、蒸馏装置和自动定氮仪的使用方法。

（3）理解造成凯氏定氮法测定误差的主要原因。

二、实验原理

样品用硫酸消化，使蛋白质在催化加热条件下分解，其中碳和氢被氧化为二氧化碳和水逸

---

[*] 参考 GB 5009.5—2016 第一法。

出,样品中的有机氮转化为氨并与硫酸结合生成硫酸铵。然后加碱蒸馏使氨游离,用硼酸吸收后以盐酸标准滴定溶液滴定,根据标准酸液的消耗量可计算样品中的氮含量,再乘以蛋白质换算系数,即可得出蛋白质的含量。

三、适用范围

本方法适用于各种食品中蛋白质含量的测定,不适用于添加无机含氮物质、有机非蛋白质含氮物质食品的测定。

四、实验试剂、主要仪器设备、实验原料

1. 实验试剂
(1) 硫酸铜。
(2) 硫酸钾。
(3) 硫酸。
(4) 0.1 mol/L 盐酸标准滴定溶液:具体配制和标定方法可参考附录 C。
(5) 硼酸溶液(20 g/L):称取 20 g 硼酸,加水溶解并稀释至 1000 mL。
(6) 甲基红的乙醇溶液(1 g/L):称取 0.1 g 甲基红,溶于 95% 乙醇,用 95% 乙醇稀释至 100 mL。
(7) 溴甲酚绿的乙醇溶液(1 g/L):称取 0.1 g 溴甲酚绿,溶于 95% 乙醇,用 95% 乙醇稀释至 100 mL。
(8) 亚甲蓝的乙醇溶液(1 g/L):称取 0.1 g 亚甲蓝,溶于 95% 乙醇,用 95% 乙醇稀释至 100 mL。
(9) 氢氧化钠溶液(400 g/L):称取 40 g 氢氧化钠,加水溶解后,放冷,并稀释至 100 mL。
(10) A 混合指示液:2 份甲基红的乙醇溶液与 1 份亚甲蓝的乙醇溶液临用时混合。
(11) B 混合指示液:1 份甲基红的乙醇溶液与 5 份溴甲酚绿的乙醇溶液临用时混合。
2. 主要仪器设备
(1) 定氮蒸馏装置。
(2) 自动凯氏定氮仪。
(3) 天平:感量为 1 mg。
(4) 凯氏烧瓶(或定氮瓶)。
(5) 酸式滴定装置。
3. 实验原料
奶粉、面粉、大豆、豆粕等。

五、操作方法

1. 凯氏定氮法
1) 试样处理
称取充分混匀的固体试样 0.2~2 g、半固体试样 2~5 g 或液体试样 10~25 mL(相当于 30~40 mg 氮),精确至 0.001 g,移入干燥的 100 mL、250 mL 或 500 mL 凯氏烧瓶中,加入研细的 0.4 g 硫酸铜、6 g 硫酸钾及 20 mL 硫酸,稍摇匀后在瓶口放一个小漏斗,将烧瓶以 45 ℃ 角斜支于有小孔的石棉网上,在通风橱内加热消化,如图 5-4 所示。先以小火加热,待内容物

全部炭化,不再产生泡沫后逐步加大火力,并保持烧瓶内液体微沸,至液体呈蓝绿色并澄清透明后,再继续加热 0.5～1 h。取下放冷,小心加入 20 mL 水。放冷后,移入 100 mL 容量瓶中,并用少量水洗凯氏烧瓶,洗液合并于容量瓶中,再加水稀释至刻度,混匀备用。同时做试剂空白实验。

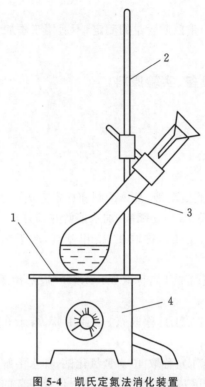

图 5-4　凯氏定氮法消化装置
1—石棉网;2—铁架台;3—凯氏烧瓶;4—电炉

2) 测定

按图 5-5 安装改良式微量定氮蒸馏装置。向氨气收集瓶内加入 30.0 mL 硼酸溶液及 1～2 滴混合指示剂(采用 B 混合指示液),并将冷凝管的下端插入液面下。准确移取样品消化液 5 mL 于反应管内,经漏斗再加入 5 mL 40%氢氧化钠溶液使其呈强碱性,用少量蒸馏水洗漏斗数次,夹好漏斗夹,进行水蒸气蒸馏。蒸馏至吸收液中所加的混合指示剂变为绿色开始计时,继续蒸馏 3～5 min,直至氨气全部馏出,将冷凝管尖端提离液面再蒸馏 1 min,用蒸馏水冲洗冷凝管尖端后停止蒸馏。馏出液用 0.1 mol/L 盐酸标准滴定溶液或 0.01 mol/L 盐酸标准滴定溶液(由 0.1 mol/L 盐酸标准滴定溶液稀释 10 倍)滴定至浅灰红色为终点。同时吸取 5 mL 试剂空白消化液做空白实验。

也可以按图 5-6(或图 5-7)装好定氮蒸馏装置,向水蒸气发生器内装水至 2/3 处,加入数粒玻璃珠,加数滴甲基红的乙醇溶液以及数毫升硫酸,以保持水呈酸性,加热煮沸水蒸气发生器内的水并保持沸腾。

向接收瓶内加入 10.0 mL 硼酸溶液及 1～2 滴 A 混合指示液或 B 混合指示液,并使冷凝管的下端插入液面以下,根据试样中氮含量,准确吸取 2.0～10.0 mL 试样处理液,由小玻璃杯注入反应室,以 10 mL 水洗涤小玻璃杯并使之流入反应室内,随后塞紧棒状玻璃塞。将 10.0 mL 氢氧化钠溶液倒入小玻璃杯,提起玻璃塞使其缓缓流入反应室,立即将玻璃塞塞紧,并水封以防

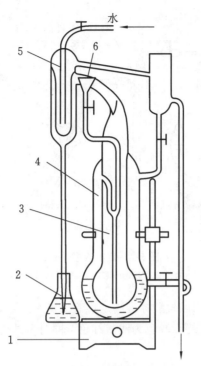

图 5-5　改良式微量定氮蒸馏装置

1—电炉；2—收集瓶；3—蒸馏瓶；
4—水蒸气发生瓶；5—冷凝器；6—进样漏斗

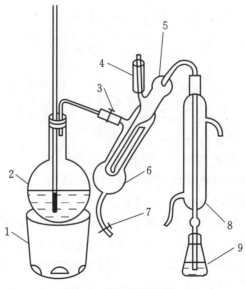

图 5-6　定氮蒸馏装置一

1—电炉；2—水蒸气发生器；3—螺旋夹；4—棒状玻璃塞；
5—反应室；6—反应室外层；7—橡皮管及螺旋夹；8—冷凝管；9—蒸馏液接收瓶

漏气。夹紧螺旋夹，开始蒸馏。蒸馏至吸收液中所加混合指示剂由酒红色变为蓝绿色开始计时，继续蒸馏 10～15 min 后，将冷凝管下端提离液面，再蒸馏 1 min。然后用少量水冲洗冷凝管下端

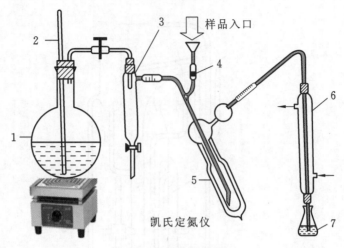

样品入口

凯氏定氮仪

图 5-7　定氮蒸馏装置二

1—水蒸气发生器;2—长直导管;3—汽水分离器;4—玻璃珠;5—反应器;6—冷凝管;7—吸收液

外部,取下蒸馏液接收瓶。尽快以盐酸标准滴定溶液滴定至终点,如用 A 混合指示液,终点颜色为灰蓝色;如用 B 混合指示液,终点颜色为浅灰红色。同时做试剂空白实验。

2. 自动凯氏定氮法

称取充分混匀的固体试样 0.2~2 g、半固体试样 2~5 g 或液体试样 10~25 mL(相当于 30~40 mg 氮),精确至 0.001 g,放入消化管中,再加入 0.4 g 硫酸铜、6 g 硫酸钾及 20 mL 硫酸,于消化炉进行消化。当消化炉温度达到 420 ℃之后,继续消化 1 h,此时消化管中的液体呈绿色透明状,取出冷却后加入 50 mL 水,于自动凯氏定氮仪(使用前加入氢氧化钠溶液、盐酸标准滴定溶液以及含有混合指示液(A 或 B)的硼酸溶液)上进行自动加液、蒸馏、滴定和记录滴定数据的过程。

六、计算

$$X = \frac{(V_1 - V_2) \times c \times 0.0140}{m \times V_3 / 100} \times F \times 100 \tag{5-25}$$

式中:X——试样中蛋白质的含量,g/100 g;

　　V_1——试样滴定消耗的盐酸标准滴定溶液的体积,mL;

　　V_0——试样空白滴定消耗的盐酸标准滴定溶液的体积,mL;

　　c——盐酸标准滴定溶液的浓度,mol/L;

　　0.0140——与 1.00 mL 盐酸标准滴定溶液(c(HCl)=1.000 mol/L)相当的氮的质量,g;

　　m——试样的质量,g;

　　F——氮换算为蛋白质的系数,常见食物中的氮换算成蛋白质的换算系数见表 5-3;

　　V_3——吸取消化液的体积,mL;

　　100——换算系数。

蛋白质含量≥1 g/100 g 时,结果保留三位有效数字;蛋白质含量<1 g/100 g 时,结果保留两位有效数字。

精密度:在重复条件下获得的两次独立测定结果的绝对差值不得超过算术平均值的 10%。

表 5-3　蛋白质换算系数

食品		换算系数	食品		换算系数
小麦	全小麦粉	5.83	大米及米粉		5.95
	麸皮	6.31	鸡蛋	鸡蛋（全）	6.25
	麦胚芽	5.80		蛋黄	6.12
	麦胚粉、黑麦、普通小麦、面粉	5.70		蛋白	6.32
燕麦、大麦、黑麦粉		5.83	肉及肉制品		6.25
小米、裸麦		5.83	动物明胶		5.55
玉米、黑小麦、饲料小麦、高粱		6.25	纯乳与纯乳制品		6.38
油料	芝麻、棉籽、葵花籽、蓖麻、红花籽	5.30	复合配方食品		6.25
	其他油料	6.25	酪蛋白		6.40
	菜籽	5.53			
坚果、种子类	巴西果	5.46	胶原蛋白		5.79
	花生	5.46	豆类	大豆及其粗加工制品	5.71
	杏仁	5.18		大豆蛋白制品	6.25
	核桃、榛子、椰果等	5.30	其他食品		6.25

七、说明及注意事项

（1）所用试剂溶液应用无氨蒸馏水配制。硫酸钾和硫酸铜的用量要适当。

（2）消化时硫酸应过量，防止氨损失。对于样品量较大或脂肪含量较高的样品，硫酸用量要相应增加，可按每克样品 5 mL 的比例增加硫酸用量，消化时间也要相应延长。

（3）消化时不要用强火，应保持和缓沸腾，以免粘贴在凯氏烧瓶内壁上的含氮化合物在无硫酸存在的情况下消化不完全而造成氮损失，应注意不时转动凯氏烧瓶，以便利用冷凝液将附着在瓶壁上的固体残渣洗下，促进其消化完全。

（4）样品中含脂肪或糖较多时，消化过程中易产生大量泡沫。为防止泡沫溢出，在开始消化时应用小火加热，并不时摇动，或者加入少量消泡剂如辛醇、液体石蜡或硅油，同时注意控制热源强度。

（5）当样品消化液不易澄清透明时，可将凯氏烧瓶冷却，加入 2～3 mL 30% 过氧化氢溶液后持续加热消化。

（6）一般消化至透明后，继续消化 30 min 即可，但对于含有特别难消化的氮化合物的样品，如含赖氨酸、组氨酸、色氨酸、酪氨酸或脯氨酸等时，需适当延长消化时间。有机物如分解完全，消化液呈蓝色或浅绿色，但含铁量较多时，呈较深绿色。

（7）蒸馏前水蒸气发生器内的水始终保持酸性，可以避免水中的氨被蒸出而影响测定结果。蒸馏装置不能漏气。加碱要足量，操作要迅速。漏斗应采用水封措施，以免氨由此逸出而损失。硼酸吸收液的温度不应超过 40 ℃，否则对氨的吸收作用减弱而造成损失，此时可置于冷水浴中使用。

（8）在蒸馏时，水蒸气要均匀充足，蒸馏过程中不得停火断汽，否则将发生倒吸。蒸馏完毕后，应先将冷凝管下端提离液面并清洗管口，再蒸 1 min 后关掉热源。

八、思考题

（1）消化时加入硫酸铜和硫酸钾的作用是什么？

（2）水蒸气发生装置中加入甲基红的乙醇溶液让其呈红色的作用是什么？

Ⅱ　考马斯亮蓝法*

一、实验目的

（1）掌握考马斯亮蓝法测定食品中蛋白质的方法。

（2）熟练掌握可见分光光度计的使用方法。

（3）理解造成考马斯亮蓝法测定误差的主要原因。

二、实验原理

考马斯亮蓝 G-250 在稀酸溶液中与蛋白质结合后变为蓝色，其最大吸收波长从 465 nm 变为 595 nm，其蓝色蛋白质-染料复合物在 595 nm 波长下的吸光度与蛋白质含量成正比，故通过测定吸光度可以计算出样品中蛋白质含量。

三、适用范围

本方法适用于乳、蛋、豆类食品中蛋白质含量的测定。

四、实验试剂、主要仪器设备、实验原料

1. 实验试剂

（1）乙醇（95%）。

（2）磷酸（98%）。

（3）考马斯亮蓝 G-250 溶液：称取约 100 mg 考马斯亮蓝 G-250，溶于 50 mL 95%乙醇后，再加入 100 mL 85%磷酸，用水稀释至 1 L，用滤纸过滤。

（4）标准物质：牛血清蛋白（BSA），纯度≥99.0%。

（5）牛血清蛋白（BSA）标准溶液：精确称取 50 mg 牛血清蛋白，加水溶解并定容至 500 mL，配制成 0.1 mg/mL 的蛋白质标准溶液。

2. 主要仪器设备

（1）可见分光光度计。

（2）离心机：最高转速不低于 4000 r/min。

（3）分析天平：感量分别为 0.1 mg 和 1 mg。

（4）比色管：10 mL。

（5）超声波清洗器。

---

* 参考 SN/T 3926—2014。

(6)具塞离心管。

3. 实验原料

纯牛奶、鸡蛋、豆腐等。

五、操作方法

1. 样品处理

(1)液体样品:称取混匀试样 1 g(精确至 0.001 g),置于 100 mL 容量瓶,用水定容。取部分溶液,置于具塞离心管中,在离心机上 4000 r/min 离心 15 min,上清液为试样待测液。

(2)固体、半固体试样:称取粉碎匀浆后的试样 1 g(精确至 0.001 g),用 80 mL 水洗入 100 mL 容量瓶,超声提取 15 min。用水定容。取部分溶液,置于具塞离心管中,在离心机上 4000 r/min 离心 15 min,上清液为试样待测液。

2. 测定

(1)标准曲线绘制:分别吸取牛血清蛋白标准溶液 0 mL、0.03 mL、0.06 mL、0.12 mL、0.24 mL、0.48 mL、0.72 mL、0.84 mL、0.96 mL 于 10 mL 比色管中(以上各管蛋白质含量依次为 0 mg、0.003 mg、0.006 mg、0.012 mg、0.024 mg、0.048 mg、0.072 mg、0.084 mg、0.096 mg),分别加入蒸馏水 1.00 mL、0.97 mL、0.94 mL、0.88 mL、0.76 mL、0.52 mL、0.28 mL、0.16 mL、0.04 mL,再分别加入 5 mL 考马斯亮蓝 G-250 溶液,振荡混匀,静置 2 min。用 1 cm 比色皿以试剂空白溶液为参比液调节零点,用分光光度计于 595 nm 波长处测定吸光度(应在出现蓝色 2~60 min 内完成测定),以吸光度为纵坐标、标准蛋白质浓度(mg/mL)为横坐标绘制标准曲线。

(2)试样测定:吸取 0.5 mL 试样待测液(根据样品中蛋白质含量,可适当调节待测液体积),置于 10 mL 比色管中,加 0.5 mL 蒸馏水,再加 5 mL 考马斯亮蓝 G-250 溶液,振荡混匀,静置 2 min。用 1 cm 比色皿以试剂空白溶液为参比液调节零点,用分光光度计于 595 nm 波长处测定吸光度(应在出现蓝色 2~60 min 内完成测定),根据标准曲线计算出样品中蛋白质含量。

六、计算

$$X = \frac{(C-C_0) \times V}{m \times 1000} \times 100 \qquad (5\text{-}26)$$

式中:X——试样中蛋白质的含量,g/100 g;

C——从标准曲线得到的蛋白质浓度,mg/mL;

C_0——试剂空白实验中蛋白质浓度,mg/mL;

V——最终样液的定容体积,mL;

m——测试所用试样质量,g;

计算结果保留到小数点后两位。

精密度:在重复条件下获得的两次独立测定结果的绝对差值不得超过算术平均值的 10%。

七、说明及注意事项

(1)考马斯亮蓝 G-250 和蛋白质的结合在 2~3 min 达到平衡,生成的复合物在 1 h 内保持稳定,所以应在出现蓝色 1 h 内测定溶液的吸光度。测定中,蛋白质-染料复合物会有少量吸附在比色皿上,测定完成后可用乙醇将比色皿清洗干净。

（2）利用考马斯亮蓝法分析蛋白质含量时注意分光光度计的正确使用。制作标准曲线时,对蛋白质标准溶液最好是从低浓度到高浓度测定,防止误差。

（3）在 $10\sim100\ \mu g/mL$ 蛋白质浓度范围内,线性关系良好。当试样中蛋白质含量很高时线性程度偏低,需要稀释后测定。

八、思考题

（1）用可见分光光度计于 595 nm 波长处测定标准溶液或试样的吸光度时,为什么需要在出现蓝色 2～60 min 内完成测定?

（2）除考马斯亮蓝法外,还有哪些蛋白质定量分析方法?

实验十四　食品中抗坏血酸的测定
Ⅰ　2,6-二氯靛酚滴定法[*]

一、实验目的

（1）掌握 2,6-二氯靛酚滴定法测定食品中抗坏血酸的方法。

（2）熟练掌握微量滴定管的使用方法。

（3）理解造成 2,6-二氯靛酚滴定法测定误差的主要原因。

二、实验原理

用蓝色的碱性染料 2,6-二氯靛酚标准溶液对含 L（＋）-抗坏血酸的试样酸性浸出液进行氧化还原滴定,2,6-二氯靛酚被还原为无色,当到达滴定终点时,多余的 2,6-二氯靛酚在酸性介质中显浅红色,由 2,6-二氯靛酚的消耗量计算样品中 L（＋）-抗坏血酸的含量。

三、适用范围

本方法适用于水果、蔬菜及其制品中 L（＋）-抗坏血酸的测定。

四、实验试剂、主要仪器设备、实验原料

1. 实验试剂

（1）偏磷酸溶液（20 g/L）：称取 20 g 偏磷酸（含量（以 HPO_3 计）≥38％）,用水溶解并定容至 1 L。

（2）草酸溶液（20 g/L）：称取 20 g 草酸,用水溶解并定容至 1 L。

（3）L（＋）-抗坏血酸标准溶液（1.000 mg/mL）：称取 100 mg（精确至 0.1 mg）L（＋）-抗坏血酸标准品（纯度≥99％）,溶于偏磷酸溶液或草酸溶液并定容至 100 mL。该贮备液在 2～8 ℃ 避光条件下可保存一周。

（4）碳酸氢钠。

（5）白陶土（或高岭土）：对抗坏血酸无吸附性。

---

*　参考 GB 5009.86—2016 第三法。

（6）2,6-二氯靛酚（2,6-二氯靛酚钠盐）溶液：称取 52 mg 碳酸氢钠，溶解在 200 mL 热蒸馏水中，然后称取 50 mg 2,6-二氯靛酚，溶解在上述碳酸氢钠溶液中。冷却并用水定容至 250 mL，过滤至棕色瓶内，于 4～8 ℃ 环境中保存。每次使用前，用抗坏血酸标准溶液标定其滴定度。

标定方法：准确吸取 1 mL 抗坏血酸标准溶液，置于 50 mL 锥形瓶中，加入 10 mL 偏磷酸溶液或草酸溶液，摇匀，用 2,6-二氯靛酚溶液滴定至粉红色，保持 15 s 不褪色为止。同时另取 10 mL 偏磷酸溶液或草酸溶液做空白实验。2,6-二氯靛酚溶液的滴定度按下式计算：

$$T = \frac{C \times V}{V_1 - V_0} \tag{5-27}$$

式中：T——2,6-二氯靛酚溶液的滴定度，即每毫升 2,6-二氯靛酚溶液相当于抗坏血酸的质量（mg），mg/mL；

C——抗坏血酸标准溶液的质量浓度，mg/mL；

V——吸取抗坏血酸标准溶液的体积，mL；

V_1——滴定抗坏血酸标准溶液所消耗 2,6-二氯靛酚溶液的体积，mL；

V_0——滴定空白所消耗 2,6-二氯靛酚溶液的体积，mL。

2. 主要仪器设备

（1）粉碎机。

（2）微量滴定管。

（3）天平：感量为 0.01 g。

3. 实验原料

猕猴桃、脐橙、新鲜辣椒。

五、操作方法

整个检测过程应在避光条件下进行。

1. 试液制备

称取具有代表性样品的可食部分 100 g，放入粉碎机中，加入 100 g 偏磷酸溶液或草酸溶液，迅速捣成匀浆。准确称取 10～40 g（精确至 0.01 g）匀浆样品于烧杯中，用偏磷酸溶液或草酸溶液将样品转移至 100 mL 容量瓶，并稀释至刻度，摇匀后过滤。若滤液有颜色，可按每克样品加 0.4 g 白陶土脱色后再过滤。

2. 滴定

准确吸取 10 mL 滤液，置于 50 mL 锥形瓶中，用标定过的 2,6-二氯靛酚溶液滴定（用微量滴定管滴定），直至溶液呈粉红色且 15 s 不褪色为止。同时做空白实验。

六、计算

$$X = \frac{(V - V_0) \times T \times A}{m} \times 100 \tag{5-28}$$

式中：X——试样中 L(+)-抗坏血酸含量，mg/100 g；

V——滴定试样所消耗 2,6-二氯靛酚溶液的体积，mL；

V_0——滴定空白所消耗 2,6-二氯靛酚溶液的体积，mL；

T——2,6-二氯靛酚溶液的滴定度，即每毫升 2,6-二氯靛酚溶液相当于抗坏血酸的质量（mg），mg/mL；

　　　　A——稀释倍数；

　　　　m——试样质量，g。

　　计算结果以重复性条件下获得的两次独立测定结果的算术平均值表示，结果保留三位有效数字。

　　精密度：在重复性条件下获得的两次独立测定结果的绝对差值，在 L(＋)-抗坏血酸含量大于 20 mg/100 g 时不得超过算术平均值的 2％，在 L(＋)-抗坏血酸含量小于或等于 20 mg/100 g时不得超过算术平均值的 5％。

七、说明及注意事项

　　(1) 所有试剂最好用重蒸馏水配制。

　　(2) 样品选取后，应浸泡在已知量的 2％草酸溶液中，以防止维生素 C 氧化损失。测定时整个操作过程要迅速，防止抗坏血酸被氧化。

　　(3) 若测动物性样品，须用 10％三氯乙酸溶液代替 2％草酸溶液提取。

　　(4) 若样品滤液颜色较深，影响滴定终点观察，可加入白陶土再过滤。白陶土使用前应测定回收率。

　　(5) 若样品中含有 Fe^{2+}、Sn^{2+}、亚硫酸根离子、硫代硫酸根离子等还原性杂质，会使结果偏高。有无这些干扰离子可用以下方法检验：取样品提取液、偏磷酸-乙酸溶液各 5 mL，混合均匀，加入 2 滴 0.05％亚甲蓝水溶液。如亚甲蓝颜色在 5～10 s 内消失，即证明有干扰物质存在。此检验若无反应，可在另一份 10 mL 的样品溶液中加入 10 mL 盐酸(1＋3)，加 5 滴 0.05％靛胭脂红的水溶液，若颜色在 5～10 s 内消失，证明有亚锡或其他干扰性物质存在。

　　为消除上述杂质带来的误差，还可采用以下测定方法：取 10 mL 提取液两份，各加入 0.1 mL 10％硫酸铜溶液，在 110 ℃加热 10 min，冷却后用染料滴定。有亚铜离子存在时，抗坏血酸完全被破坏，从样品滴定值中扣除校正值，即得抗坏血酸含量。

八、思考题

　　(1) 在捣碎样品时加入偏磷酸溶液或草酸溶液的作用是什么？

　　(2) 为什么在滴定时是选择以 15 s 红色不褪为终点而不是 30 s 的时间？

Ⅱ　荧光法[*]

一、实验目的

　　(1) 掌握荧光法测定食品中抗坏血酸的方法。

　　(2) 熟练掌握荧光分光光度计的使用方法。

　　(3) 理解造成荧光法测定食品中抗坏血酸误差的主要原因。

二、实验原理

　　试样中 L(＋)-抗坏血酸经活性炭氧化为 L(＋)-脱氢抗坏血酸后，与邻苯二胺(OPDA)反

---

*　参考 GB 5009.86—2016 第二法。

应生成有荧光的喹喔啉(quinoxaline),其荧光强度与 L(＋)-抗坏血酸的浓度在一定条件下成正比,以此测定试样中 L(＋)-抗坏血酸总量。

注:L(＋)-脱氢抗坏血酸与硼酸可形成复合物而不与 OPDA 反应,以此排除试样中荧光杂质产生的干扰。

三、适用范围

本方法适用于乳粉、水果、蔬菜及其制品中 L(＋)-抗坏血酸总量的测定。

四、实验试剂、主要仪器设备、实验原料

1. 实验试剂

(1) 偏磷酸-乙酸溶液:称取 15 g 偏磷酸(含量(以 HPO_3 计)≥38％),加入 40 mL 冰乙酸(浓度约为 30％)及 250 mL 水,加热,搅拌,使之逐渐溶解,冷却后加水至 500 mL。于 4 ℃ 冰箱可保存 7～10 d。

(2) 硫酸溶液(0.15 mol/L):取 8.3 mL 浓硫酸(浓度约为 98％),小心加入水中,边加边搅拌,再加水稀释至 1000 mL。

(3) 偏磷酸-乙酸-硫酸溶液:称取 15 g 偏磷酸(含量(以 HPO_3 计)≥38％),加入 40 mL 冰乙酸(浓度约为 30％),滴加 0.15 mol/L 硫酸溶液至溶解,并稀释至 500 mL。

(4) 乙酸钠溶液(500 g/L):称取 500 g 乙酸钠,加水至 1000 mL。

(5) 硼酸-乙酸钠溶液:称取 3 g 硼酸,用 500 g/L 乙酸钠溶液溶解并稀释至 100 mL。临用时配制。

(6) 邻苯二胺溶液(200 mg/L):称取 20 mg 邻苯二胺,用水溶解并稀释至 100 mL。临用时配制。

(7) 酸性活性炭:称取约 200 g 活性炭粉(75～177 μm),加入 1 L 盐酸(1+9),加热回流 1～2 h,过滤,用水洗至滤液中无铁离子为止,置于 110～120 ℃烘箱中干燥 10 h,备用。

检验铁离子方法:利用普鲁士蓝反应。将 20 g/L 亚铁氰化钾与 1％盐酸等量混合,将上述洗出滤液滴入,如有铁离子则产生蓝色沉淀。

(8) 百里酚蓝溶液(0.4 mg/mL):称取 0.1 g 百里酚蓝,加入 0.02 mol/L 氢氧化钠溶液约 10.75 mL,在玻璃研钵中研磨至溶解,用水稀释至 250 mL。(变色范围:pH＝1.2 时呈红色;pH＝2.8 时呈黄色;pH＞4 时呈蓝色。)

(9) L(＋)-抗坏血酸标准溶液(1.000 mg/mL):称取 L(＋)-抗坏血酸(纯度≥99％)0.05 g(精确至 0.01 mg),用偏磷酸-乙酸溶液溶解并稀释至 50 mL,该溶液在 2～8 ℃避光条件下可保存一周。

(10) L(＋)-抗坏血酸标准工作液(100.0 μg/mL):准确吸取 10 mL L(＋)-抗坏血酸标准溶液,用偏磷酸-乙酸溶液稀释至 100 mL,临用时配制。

2. 主要仪器设备

(1) 荧光分光光度计:激发波长 338 nm,发射波长 420 nm。配有 1 cm 石英比色皿。

(2) 天平:感量为 0.01 g。

(3) 具塞刻度试管。

(4) 具塞锥形瓶。

3. 实验原料

猕猴桃、脐橙、新鲜辣椒等。

五、操作方法

整个检测过程应在避光条件下进行。

1. 试液的制备

称取约 100 g(精确至 0.1 g)试样,加 100 g 偏磷酸-乙酸溶液,倒入捣碎机内打成匀浆,用百里酚蓝指示剂测试匀浆的酸碱度。如呈红色,即称取适量匀浆用偏磷酸-乙酸溶液稀释;若呈黄色或蓝色,则称取适量匀浆用偏磷酸-乙酸-硫酸溶液稀释,使其 pH 值为 1.2。匀浆的取用量根据试样中抗坏血酸的含量而定。当试样液中抗坏血酸含量在 40~100 μg/mL,一般称取 20 g(精确至 0.01 g)匀浆,用相应溶液稀释至 100 mL,过滤,滤液备用。

2. 测定

(1) 氧化处理:分别准确吸取 50 mL 试样滤液及抗坏血酸标准工作液,置于 200 mL 具塞锥形瓶中,加入 2 g 活性炭,用力振摇 1 min,过滤,弃去最初数毫升滤液,分别收集其余全部滤液,即为试样氧化液和标准氧化液,待测定。

(2) 分别准确吸取 10 mL 试样氧化液,置于两个 100 mL 容量瓶中。作为"试样液"和"试样空白液"。分别准确吸取 10 mL 标准氧化液,置于两个 100 mL 容量瓶中,作为"标准液"和"标准空白液"。于"试样空白液"和"标准空白液"中各加 5 mL 硼酸-乙酸钠溶液,摇动 15 min,用水稀释至 100 mL,在 4 ℃冰箱中放置 2~3 h,取出待测。于"试样液"和"标准液"中各加 5 mL 500 g/L 乙酸钠溶液,用水稀释至 100 mL,待测。

(3) 标准曲线的制作:准确吸取上述"标准液"(L(＋)-抗坏血酸含量为 10 μg/mL) 0.5 mL、1.0 mL、1.5 mL、2.0 mL,分别置于 10 mL 具塞刻度试管中,用水补充至 2.0 mL。另准确吸取"标准空白液"2.0 mL,置于 10 mL 具塞刻度试管中。在暗室迅速向各管中加入 5 mL 邻苯二胺溶液,振摇混合,在室温下反应 35 min,于激发波长 338 nm、发射波长 420 nm 处测定荧光强度。以"标准液"系列荧光强度与"标准空白液"荧光强度的差值为纵坐标,对应的 L(＋)-抗坏血酸含量为横坐标,绘制标准曲线或计算直线回归方程。

(4) 试样测定:分别准确吸取 2 mL"试样液"和"试样空白液",置于 10 mL 具塞刻度试管中,在暗室迅速向各管中加入 5 mL 邻苯二胺溶液,振摇混合,在室温下反应 35 min,于激发波长 338 nm、发射波长 420 nm 处测定荧光强度。以"试样液"荧光强度与"试样空白液"的荧光强度的差值于标准曲线上查得或用回归方程计算得到试样溶液中 L(＋)-抗坏血酸总量。

六、计算

$$X = \frac{C \times V}{m} \times F \times \frac{100}{1000} \tag{5-29}$$

式中:X——试样中 L(＋)-抗坏血酸的总量,mg/100 g;

C——由标准曲线查得或回归方程计算得到的试样溶液中 L(＋)-抗坏血酸的质量浓度,μg/mL;

V——荧光反应所用试样体积,mL;

m——实际检测试样质量,g;

F——试样溶液的稀释倍数；

100、1000——换算系数。

计算结果以重复性条件下获得的两次独立测定结果的算术平均值表示，结果保留三位有效数字。

精密度：在重复性条件下获得的两次独立测定结果的绝对差值不得超过算术平均值的 10％。

七、说明及注意事项

（1）当样品取样量为 10 g 时，L(＋)-抗坏血酸总量的检出限为 0.044 mg/100 g，定量限为 0.7 mg/100 g。

（2）活性炭对 L(＋)-抗坏血酸的氧化作用，是基于其表面吸附的氧进行界面反应。加入量过低时，氧化不充分，结果偏低；量过多时，对 L(＋)-抗坏血酸有吸附作用，结果偏低。

八、思考题

（1）在实验过程中，影响荧光强度的因素有哪些？

（2）实验当中加入硼酸的作用是什么？

实验十五　植物类食品中粗纤维的测定（重量法）*

一、实验目的

（1）掌握酸碱处理-重量法测定植物类食品中粗纤维的方法。

（2）熟练掌握 G_2 垂融坩埚或垂融漏斗的使用方法。

（3）理解造成酸碱处理-重量法测定误差的主要原因。

二、实验原理

在硫酸作用下，试样中糖、淀粉、果胶质和半纤维素经水解除去后，再用碱处理，除去蛋白质和脂肪酸，剩余的残渣为粗纤维。如其中含有不溶于酸碱的杂质，可灰化后除去。

三、适用范围

本方法适用于植物类食品中粗纤维含量的测定。

四、实验试剂、主要仪器设备、实验原料

1. 实验试剂

（1）1.25％硫酸溶液。

（2）1.25％氢氧化钾溶液。

（3）石棉：加 5％氢氧化钠溶液浸泡石棉，在水浴上回流 8 h 以上，再用热水充分洗涤。然后用 20％盐酸在沸水浴上回流 8 h 以上，再用热水充分洗涤，干燥。在 600～700 ℃中灼烧后，加水形成混悬物，贮存于玻塞瓶中。

---

* 本实验参考 GB/T 5009.10—2003。

2. 主要仪器设备

（1）天平：感量为 0.1 g。

（2）锥形瓶。

（3）亚麻布。

（4）G_2 垂融坩埚或同型号的垂融漏斗。

（5）烘箱。

（6）坩埚。

3. 实验原料

茶粕、麸皮、米粉。

五、操作方法

称取 20～30 g 捣碎的试样（或 5.0 g 干试样），移入 500 mL 锥形瓶中，加入 200 mL 煮沸的 1.25％硫酸溶液，加热使其微沸，保持体积恒定，维持 30 min，每隔 5 min 摇动锥形瓶一次，以充分混合瓶内的物质。取下锥形瓶，立即用亚麻布过滤，用沸水洗涤至洗液不呈酸性。再用 200 mL 煮沸的 1.25％氢氧化钾溶液将亚麻布上的存留物洗入原锥形瓶内，加热微沸 30 min 后，取下锥形瓶，立即以亚麻布过滤，以沸水洗涤 2～3 次后，移入已干燥称量的 G_2 垂融坩埚或同型号的垂融漏斗中，抽滤，用热水充分洗涤后，抽干。再依次用乙醇和乙醚洗涤一次。将坩埚和内容物在 105 ℃烘箱中烘干后称量，重复操作，直至恒量。

若试样中含有较多的不溶性杂质，则可将试样移入石棉坩埚，烘干称量后，再移入 550 ℃ 高温炉中灰化，使含碳的物质全部灰化，置于干燥器内，冷却至室温称量，所损失的量即为粗纤维量。

六、计算

$$X = \frac{G}{m} \times 100 \tag{5-30}$$

式中：X——试样中粗纤维的含量，g/100 g；

G——残余物的质量（或经高温炉损失的质量），g；

m——试样的质量，g。

计算结果保留到小数点后一位。

精密度：在重复性条件下获得的两次独立测定结果的绝对差值不得超过算术平均值的 10％。

七、说明及注意事项

（1）酸、碱消化时，若产生大量泡沫，可加入 2 滴辛醇消泡。

（2）样品粒度的大小、滤布的孔径是否稳定及过滤时间，均影响结果的重现性。样品粒度过大不利于消化，会使结果偏高；粒度过细则会造成过滤困难，甚至穿过滤布。过滤时间不宜太长，一般不超过 10 min，可通过控制称样量来调节。

（3）加热回流时间、沸腾的状态等因素也会影响测定结果。沸腾不宜过于剧烈，以避免样品脱离液体，附着于瓶壁上。

（4）样品若脱脂不足，则结果会偏高，所以当样品中脂肪含量大于 1％时，必须脱脂。

八、思考题

(1) 为什么酸洗和碱洗时所用的都是稀酸和稀碱？

(2) 最后用乙醇和乙醚洗涤的作用是什么？

实验十六　果胶的测定(重量法)

一、实验目的

(1) 掌握重量法测定食品中果胶的方法。

(2) 熟练掌握布氏漏斗和烘箱的使用方法。

(3) 理解造成重量法测定误差的主要原因。

二、实验原理

先用70%的乙醇溶液处理样品，使果胶沉淀，再依次用乙醇、乙醚洗涤沉淀除去可溶性糖、脂肪、色素等干扰物，残渣分别用酸或水提取总果胶或水溶性果胶。果胶经皂化除去甲氧基，生成果胶酸钠，再经酸化使之生成果胶酸，加入钙盐生成果胶酸钙沉淀，烘干后测定质量并换算成果胶物质的质量。

三、适用范围

本方法适用于各类食品中果胶含量的测定。

四、实验试剂、主要仪器设备、实验原料

1. 实验试剂

(1) 乙醇。

(2) 乙醚。

(3) 0.05 mol/L 盐酸：取 4.5 mL 浓盐酸，注入 1000 mL 水中，摇匀。

(4) 0.1 mol/L 氢氧化钠溶液：称取 4 g 氢氧化钠，溶于水中，加水定容至 1000 mL。

(5) 1 mol/L 乙酸溶液：量取 58.3 mL 冰乙酸，加水定容至 100 mL。

(6) 1 mol/L 氯化钙溶液：称取 110.99 g 无水氯化钙，溶于水中，加水定容至 500 mL。

2. 主要仪器设备

(1) 电子天平。

(2) 布氏漏斗。

(3) 研钵。

(4) 烘箱。

3. 实验原料

橘子皮。

五、操作方法

1. 样品处理

（1）新鲜样品：称取 30～50 g 试样，用小刀切成薄片，置于预先放有 99％乙醇的 500 mL 锥形瓶中，装上回流冷凝管，在水浴上沸腾回流 15 min，冷却，用布氏漏斗过滤，将残渣置于研钵中，一边慢慢磨碎，一边滴加 70％的热乙醇，冷却后再过滤，反复操作至滤液不呈糖的反应（用苯酚-硫酸法检验）为止。残渣用 99％乙醇洗涤脱水，再用乙醚洗涤以除去脂类和色素，风干乙醚。

（2）干燥样品：样品研细后过 0.25 mm 筛（相当于 60 目），称取 5～10 g 样品，置于烧杯中，加入热的 70％乙醇充分搅拌以提取糖类，过滤。反复操作至滤液不呈糖的反应。残渣用 99％乙醇洗涤，再用乙醚洗涤，风干乙醚。

2. 提取果胶

（1）水溶性果胶提取：用 150 mL 水将上述漏斗中的残渣移入 250 mL 烧杯中，加热至沸腾并保持沸腾 1 h，随时补足蒸发的水分，冷却后移入 250 mL 容量瓶中，加水定容，摇匀，过滤，弃去初滤液，收集续滤液即得水溶性果胶提取液。

（2）总果胶的提取：用 150 mL 加热至沸腾的 0.05 mol/L 盐酸把漏斗中的残渣移入 250 mL 锥形瓶中，装上冷凝管，于沸水浴中加热回流 1 h，冷却后移入 250 mL 容量瓶中，加 2 滴甲基红指示剂，加 0.05 mol/L 氢氧化钠溶液中和后，用水定容，摇匀，过滤，收集滤液即得总果胶提取液。

3. 测定

取 25 mL 提取液（能生成果胶酸钙 25 mg 左右），置于 500 mL 烧杯中，加入 100 mL 0.1 mol/L 氢氧化钠溶液，充分搅拌，放置 0.5 h，再加入 50 mL 1 mol/L 乙酸溶液，放置 5 min，边搅拌边缓缓加入 25 mL 1 mol/L 氯化钙溶液，放置 1 h（陈化），加热煮沸 5 min，趁热用烘干至恒重的滤纸过滤，用热水洗涤至无氯离子（用 10％硝酸银溶液检验）为止。滤渣连同滤纸一同放入称量瓶中，置于 105 ℃烘箱中干燥至恒重。

六、计算

$$X = \frac{(m_1 - m_2) \times 0.9233}{m \times \frac{25}{250}} \times 100 \tag{5-31}$$

式中：X——果胶物质的含量（以果胶酸钙计），g/100 g；

　　　m——样品质量，g；

　　　m_1——果胶酸钙和滤纸质量，g；

　　　m_2——滤纸质量，g；

　　　25——测定时取果胶提取液的体积，mL；

　　　250——果胶提取液总体积，mL；

　　　0.9233——由果胶酸钙换算为果胶酸的系数。果胶酸钙的实验式定为 $C_{17}H_{22}O_{11}Ca$，其中钙含量约为 7.67％，果胶酸含量约为 92.33％。

七、说明及注意事项

（1）新鲜试样若直接研磨，由于果胶分解酶的作用，其果胶会迅速分解，故需将切片浸入无水乙醇中,以钝化酶的活性。

(2) 加入氯化钙溶液时,应边搅拌边缓缓滴加,以减小过饱和度,并避免溶液局部过浓。

(3) 采用热过滤和热水洗涤沉淀,是为了降低溶液的黏度,加快过滤和洗涤速度,并增大杂质的溶解度,使其易被洗去。

(4) 检验糖分的苯酚-硫酸法:取 1 mL 检液,置于试管中,加入 1 mL 5%苯酚水溶液,再加入 5 mL 硫酸,混匀,如溶液呈褐色,证明检液中含有糖分。

八、思考题

(1) 加入氢氧化钠和氯化钙的作用分别是什么?

(2) 在处理干燥样品时,加入热的 70%乙醇并充分搅拌的作用是什么?

实验十七　茶叶中茶多酚总量的测定(分光光度法)*

一、实验目的

(1) 掌握分光光度法测定茶多酚总量的方法和原理。

(2) 熟悉分光光度计的使用方法。

二、实验原理

样品中的茶多酚用 70%甲醇溶液提取,福林酚(Folin-Ciocalteu)试剂在碱性条件下氧化茶多酚中—OH 基团并显蓝色,最大吸收波长为 765 nm,用没食子酸作校正标准,根据标准曲线计算茶多酚含量。

三、适用范围

本方法适用于茶及茶制品中多酚含量的测定。

四、实验试剂、主要仪器设备、实验原料

1. 实验试剂

(1) 甲醇水溶液:7+3(体积比)。

(2) Na_2CO_3 溶液:按质量浓度 7.5%配制,即称取 37.50 g Na_2CO_3,加适量水溶解,转移到 500 mL 容量瓶中,定容,摇匀。该试剂在室温下可保存 30 d。

(3) 10%福林酚(Folin-Ciocalteu)试剂:将 25 mL 福林酚试剂转移到 250 mL 容量瓶中,用水定容并摇匀,避光贮存,现配现用。

(4) 没食子酸标准贮备溶液:按 1 mg/mL(1000 μg/mL)的浓度现配,即称取 0.110 g 没食子酸(GA,相对分子质量为 188.14),于 100 mL 容量瓶中用 70%甲醇溶解,并定容,摇匀,避光保存。

(5) 没食子酸工作液:用移液管分别移取 1.0 mL、2.0 mL、3.0 mL、4.0 mL、5.0 mL 没食子酸标准贮备溶液,置于 100 mL 容量瓶中,分别用水定容,摇匀,浓度分别为 10 μg/mL、20 μg/mL、30 μg/mL、40 μg/mL、50 μg/mL。

---

* 本实验参考 GB/T 8313—2018。

2. 主要仪器设备

(1) 电子天平:感量为 0.1 mg 和 0.01 g。

(2) 分光光度计。

(3) 恒温水浴锅。

(4) 离心机:转速 3500 r/min。

(5) 10 mL 离心管。

(6) 10 mL 具塞刻度试管。

3. 实验原料

磨碎、均匀的茶叶样品。

五、操作方法

1. 供试液的制备

(1) 母液制备:称取 0.2 g(精确至 0.0001 g)茶样,置于 10 mL 离心管中,加入在 70 ℃水浴锅中预热过的 70%甲醇溶液 5 mL,用玻璃棒充分搅拌均匀湿润,立即移入 70 ℃水浴锅中,浸提 10 min,期间搅拌两次。浸提后冷却至室温,转入离心机,在 3500 r/min 转速下离心 10 min,将上清液转移至 10 mL 容量瓶。残渣再用 5 mL 的 70%甲醇溶液提取一次,重复以上操作。合并提取液,定容至 10 mL,摇匀备用。此提取液在 4 ℃下至多可保存 24 h。

(2) 测试液制备:移取母液 1.0 mL 于 100 mL 容量瓶中,用水定容,摇匀,待测。

2. 测定

(1) 试样测定:用移液管分别移取系列没食子酸工作液、水(作空白对照用)及测试液 1.0 mL,置于 10 mL 具塞刻度试管内,在每支试管内加入 5.0 mL 10%福林酚试剂,摇匀。反应 3～8 min 内,加入 4.0 mL 7.5%Na_2CO_3 溶液,摇匀。室温下放置 60 min。用 1 cm 比色皿,在 765 nm 波长条件下用分光光度计测定吸光度(A)。

(2) 标准曲线制作:根据没食子酸工作液的吸光度(A)与各工作液的没食子酸浓度,制作标准曲线。以没食子酸浓度(μg/mL)为横坐标,对应的吸光度(A)为纵坐标,求得线性回归方程和相关系数。

六、计算

$$茶多酚含量(\%) = \frac{(A - A_0) \times V \times d \times 100}{SLOPE_{std} \times w \times 10^6 \times m} \tag{5-32}$$

式中:A——样品测试液吸光度;

A_0——试剂空白液吸光度;

V——样品提取液体积,mL;

d——稀释因子(通常为 1 mL 稀释成 100 mL,则其稀释因子为 100);

$SLOPE_{std}$——没食子酸标准曲线的斜率;

w——样品干物质质量分数,%;

m——样品质量,g。

计算结果保留至小数点后一位。

精密度:在重复性条件下获得的两次独立测定结果的绝对差值不得超过算术平均值的 5%。

七、说明及注意事项

（1）样品吸光度应在没食子酸标准工作曲线的校准范围内。若样品吸光度高于 50 μg/mL没食子酸标准工作液的吸光度，则应重新配制高浓度没食子酸标准工作液进行校准。

（2）福林酚法由于采用没食子酸为标准品，因而其适用范围较宽，不仅可以用于茶叶，而且可用于茶叶提取物、茶叶深加工制品等。

八、思考题

（1）分光光度法测定茶多酚含量，70％甲醇溶液的作用是什么？

（2）一般来说，茶叶中的茶多酚种类有哪些？

第六章　食品添加剂的测定

食品添加剂是为改善食品品质和色、香、味,以及为防腐、保鲜和加工工艺的需要而加入食品中的人工合成或者天然物质。食品用香料、胶基糖果中基础剂、食品工业用加工助剂也包括在内。

食品添加剂的种类很多,按其来源可分为天然食品添加剂和化学合成的食品添加剂两大类。天然食品添加剂一般对人体无害,但目前使用的添加剂中,绝大多数是化学合成的食品添加剂。化学合成的食品添加剂大都有一定的毒性,如不限制使用,将对人体健康产生危害。为保证食品卫生质量,保障人民身体健康,世界各国都制定了有关食品添加剂的质量标准和使用卫生标准(我国目前采用的是 GB 2760—2014),以监督食品添加剂的生产和使用。因此,测定食品添加剂的含量对于控制其用量,保证食品质量,保障人民健康都具有十分重要的意义。

实验一　食品中苯甲酸、山梨酸和糖精钠的测定(液相色谱法)[*]

一、实验目的

(1) 了解高效液相色谱仪结构,熟悉其使用方法。
(2) 掌握液相色谱法测定食品中苯甲酸、山梨酸和糖精钠的原理和方法。

二、实验原理

样品经水提取,高脂肪样品经正己烷脱脂,高蛋白样品经蛋白沉淀剂沉淀蛋白,采用液相色谱分离、紫外检测器检测,外标法定量。

三、适用范围

本方法适用于食品中苯甲酸、山梨酸和糖精钠的测定。

四、实验试剂、主要仪器设备、实验原料

1. 实验试剂

除非另有说明,本方法所用试剂均为分析纯,水为 GB/T 6682 规定的一级水。

(1) 氨水(1+99):量取 1 mL 浓氨水,加到 99 mL 水中,混匀。

(2) 亚铁氰化钾溶液(106 g/L):称取 106 g 亚铁氰化钾,加入适量水溶解,用水定容至 1000 mL。

(3) 乙酸锌溶液(220 g/L):称取 220 g 乙酸锌,溶于少量水中,加入 30 mL 冰乙酸,用水定容至 1000 mL。

(4) 乙酸铵溶液(20 mmol/L):称取 1.54 g 乙酸铵(色谱纯),加入适量水溶解,用水定容

---

[*] 本实验参考 GB 5009.28—2016 第一法。

至 1000 mL,经 0.22 μm 水相微孔滤膜过滤后备用。

(5) 甲酸-乙酸铵溶液(2 mmol/L 甲酸＋20 mmol/L 乙酸铵):称取 1.54 g 乙酸铵,加入适量水溶解,再加入 75.2 μL 甲酸(色谱纯),用水定容至 1000 mL,经 0.22 μm 水相微孔滤膜过滤后备用。

(6) 苯甲酸、山梨酸和糖精钠(以糖精计)标准贮备溶液(1000 mg/L):准确称取苯甲酸钠(C_6H_5COONa,CAS 号:532-32-1,纯度≥99.0%)0.118 g、山梨酸钾($C_6H_7KO_2$,CAS 号:590-00-1,纯度≥99.0%)0.134 g 和糖精钠($C_6H_4CONNaSO_2$,CAS 号:128-44-9,纯度≥99%)0.117 g,精确到 0.0001 g,分别用水溶解并定容至 100 mL。于 4 ℃贮存,保存期为 6 个月。当使用苯甲酸和山梨酸标准品时,需要用甲醇(色谱纯)溶解并定容。

(7) 苯甲酸、山梨酸和糖精钠(以糖精计)混合标准中间溶液(200 mg/L):准确吸取苯甲酸、山梨酸和糖精钠标准贮备溶液各 10.0 mL,置于 50 mL 容量瓶中,用水定容。于 4 ℃贮存,保存期为 3 个月。

(8) 苯甲酸、山梨酸和糖精钠(以糖精计)混合标准系列工作溶液:分别准确吸取苯甲酸、山梨酸和糖精钠混合标准中间溶液 0 mL、0.05 mL、0.25 mL、0.50 mL、1.00 mL、2.50 mL、5.00 mL 和 10.0 mL,用水定容至 10 mL,配制成质量浓度分别为 0 mg/L、1.00 mg/L、5.00 mg/L、10.0 mg/L、20.0 mg/L、50.0 mg/L、100 mg/L 和 200 mg/L 的混合标准系列工作溶液。临用现配。

2. 主要仪器设备

(1) 高效液相色谱仪:配紫外检测器。

(2) 分析天平:感量为 0.001 g 和 0.1 mg。

(3) 涡旋振荡仪。

(4) 离心机:转速≥8000 r/min。

(5) 匀浆机。

(6) 恒温水浴锅。

(7) 超声波发生器。

3. 实验原料

果汁、糖果、奶油等。

五、操作方法

1. 试样制备

取多个预包装的饮料、液态奶等均匀样品直接混合;非均匀的液体、半固体样品用组织匀浆机匀浆;固体样品用研磨机充分粉碎并搅拌均匀;奶酪、黄油、巧克力等采用 50～60 ℃加热熔融,并趁热充分搅拌均匀。取其中的 200 g 装入玻璃容器中,密封,液体试样于 4 ℃保存,其他试样于 −18 ℃保存。

2. 试样提取

(1) 一般性试样:准确称取约 2 g(精确到 0.001 g)试样,置于 50 mL 具塞离心管中,加水约 25 mL,涡旋混匀,于 50 ℃水浴超声 20 min,冷却至室温后加 2 mL 亚铁氰化钾溶液和 2 mL 乙酸锌溶液,混匀,于 8000 r/min 离心 5 min,将水相转移至 50 mL 容量瓶中,残渣中加水 20 mL,涡旋混匀后超声 5 min,于 8000 r/min 离心 5 min,将水相转移到同一个 50 mL 容量瓶中,并用水定容,混匀。取适量上清液过 0.22 μm 滤膜,待液相色谱测定。碳酸饮料、果酒、果汁、蒸馏酒等测定时可以不加蛋白沉淀剂。

（2）含胶基的果冻、糖果等试样：准确称取约 2 g（精确到 0.001 g）试样，置于 50 mL 具塞离心管中，加水约 25 mL，涡旋混匀，于 70 ℃水浴加热溶解试样，于 50 ℃水浴超声 20 min，之后的操作同一般性试样。

（3）油脂、巧克力、奶油、油炸食品等高油脂试样：准确称取约 2 g（精确到 0.001 g）试样，置于 50 mL 具塞离心管中，加 10 mL 正己烷，于 60 ℃水浴加热约 5 min，并不时轻摇以溶解脂肪，然后加 25 mL 氨水（1+99）、1 mL 乙醇，涡旋混匀，于 50 ℃水浴超声 20 min，冷却至室温后，加 2 mL 亚铁氰化钾溶液和 2 mL 乙酸锌溶液，混匀，于 8000 r/min 离心 5 min，弃去有机相，水相转移至 50 mL 容量瓶中，其残渣与一般性试样一样再提取一次后测定。

3. 仪器参考条件

（1）色谱柱：C_{18}柱，柱长 250 mm，内径 4.6 mm，粒径 5 μm，或等效色谱柱。

（2）流动相：甲醇＋乙酸铵溶液（5＋95）。

（3）流速：1 mL/min。

（4）检测波长：230 nm。

（5）进样量：10 μL。

注：当存在干扰峰或需要辅助定性时，可以采用加入甲酸的流动相来测定，如流动相：甲醇＋甲酸-乙酸铵溶液（8＋92），参考色谱图见图 6-1。

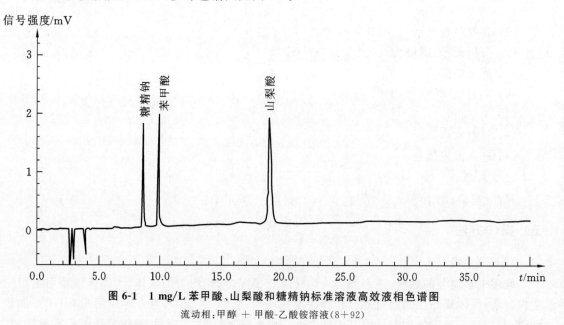

图 6-1　1 mg/L 苯甲酸、山梨酸和糖精钠标准溶液高效液相色谱图

流动相：甲醇 ＋ 甲酸-乙酸铵溶液（8＋92）

4. 标准曲线的制作

将混合标准系列工作溶液分别注入高效液相色谱仪中，测定相应的峰面积，以混合标准系列工作溶液的质量浓度为横坐标，以峰面积为纵坐标，绘制标准曲线。

5. 试样溶液的测定

将试样溶液注入高效液相色谱仪中，得到峰面积，根据标准曲线得到待测液中苯甲酸、山梨酸和糖精钠（以糖精计）的质量浓度。

六、计算

试样中苯甲酸、山梨酸和糖精钠（以糖精计）的含量按下式计算：

$$X = \frac{V \times \rho}{m \times 1000} \tag{6-1}$$

式中：X——试样中待测组分含量，g/kg；

　　ρ——由标准曲线得出的试样液中待测物的质量浓度，mg/L；

　　V——试样定容体积，mL；

　　m——试样质量，g；

　　1000——由 mg/kg 转换为 g/kg 的换算因子。

计算结果保留三位有效数字。

精密度：在重复性条件下获得的两次独立测定结果的绝对差值不得超过算术平均值的 10%。

七、说明及注意事项

（1）购买标准品时建议直接选择液态的标准溶液，不建议购买固体标准物质，一是省去标准物质称量带来的误差，同时避免标准溶液的浓度出现小数等后期数据处理带来的不便，二是避免有些固体标准物质使用前需要烘干等前处理带来的麻烦。

（2）标准曲线的线性范围建议根据待测样品溶液中待测组分的含量而定，尽量使样品溶液中待测组分的含量处于标准曲线的中间位置，以最大限度降低标准曲线拟合引入的检测结果的不确定度。

（3）待测溶液应超声或加热除去气泡。

（4）按取样量 2 g，定容 50 mL 时，苯甲酸、山梨酸和糖精钠（以糖精计）的检出限均为 0.005 g/kg，定量限均为 0.01 g/kg。

八、思考题

（1）高效液相色谱测定苯甲酸时如何实现快速、高效、灵敏？

（2）提取过程中，加入乙酸锌和亚铁氰化钾溶液的作用是什么？

（3）影响高效液相色谱仪色谱柱选择性的因素是什么？

实验二　食品中合成着色剂的测定
Ⅰ　液相色谱法[*]

一、实验目的

（1）掌握液相色谱法测定食品中合成着色剂的原理及方法。

（2）了解高效液相色谱仪的工作原理及操作方法。

二、实验原理

食品中人工合成着色剂用聚酰胺吸附法或液-液分配法提取，制成水溶液，注入高效液相色谱仪，经反相色谱分离，根据保留时间定性，与峰面积比较进行定量。

---

[*] 参考 5009.35—2016 第一法。

三、适用范围

本方法适用于饮料、配制酒、硬糖、蜜饯、淀粉软糖、巧克力豆及着色糖衣制品中合成着色剂(不含铝色锭)的测定。

四、实验试剂、主要仪器设备、实验原料

1. 实验试剂

除非另有说明,本方法所用试剂均为分析纯,水为 GB/T6682 规定的一级水。

(1) 乙酸铵溶液(0.02 mol/L):称取 1.54 g 乙酸铵,加水至 1000 mL,溶解,经 0.45 μm 微孔滤膜过滤。

(2) 氨水:量取 2 mL 浓氨水,加水至 100 mL,混匀。

(3) 甲醇-甲酸溶液(6+4,体积比):量取 60 mL 甲醇(色谱纯)、40 mL 甲酸,混匀。

(4) 柠檬酸溶液:称取 20 g 柠檬酸,加水至 100 mL,溶解并混匀。

(5) 无水乙醇-氨水-水溶液(7+2+1,体积比):量取 70 mL 无水乙醇、20 mL 浓氨水、10 mL 水,混匀。

(6) 三正辛胺的正丁醇溶液(5%):量取 5 mL 三正辛胺,加正丁醇至 100 mL,混匀。

(7) 硫酸钠饱和溶液。

(8) pH 6 的水:将水加柠檬酸溶液调 pH 值到 6。

(9) pH 4 的水:将水加柠檬酸溶液调 pH 值到 4。

(10) 合成着色剂标准贮备液(1.00 mg/mL):准确称取按其纯度换算为 100% 质量的柠檬黄(CAS:1934-21-0)、日落黄(CAS:2783-94-0)、苋菜红(CAS:915-67-3)、胭脂红(CAS:2611-82-7)、新红(CAS:220658-76-4)、赤藓红(CAS:16423-68-0)、亮蓝(CAS:3844-45-9)各 0.1 g(精确至 0.0001 g),置于 100 mL 容量瓶中,加 pH 6 的水到刻度,配成水溶液(1.00 mg/mL)。

(11) 合成着色剂标准使用液(50 μg/mL):临用时将标准贮备液加水稀释 20 倍,经 0.45 μm 微孔滤膜过滤,配成每毫升相当于 50.0 μg 的合成着色剂。

2. 主要仪器设备

(1) 高效液相色谱仪:带二极管阵列或紫外检测器。

(2) 天平:感量为 0.1 mg 和 0.1 g。

(3) 恒温水浴锅。

(4) G₃ 垂融漏斗。

3. 实验原料

果汁、酒、蜜饯、巧克力豆。

五、操作方法

1. 试样制备

(1) 果汁饮料及果汁、果味碳酸饮料等:称取 20~40 g(精确至 0.001 g),放入 100 mL 烧杯中。对于含二氧化碳样品,加热或超声驱除二氧化碳。

(2) 配制酒类:称取 20~40 g(精确至 0.001 g),放入 100 mL 烧杯中,加数个碎瓷片,加热驱除乙醇。

(3) 硬糖、蜜饯类、淀粉软糖等:称取 5~10 g(精确至 0.001 g)粉碎样品,放入 100 mL 小烧杯中,加 30 mL 水,温热溶解。若样品溶液 pH 值较高,用柠檬酸溶液调 pH 值到 6 左右。

（4）巧克力豆及着色糖衣制品：称取 5～10 g（精确至 0.001 g），放入 100 mL 烧杯中，用水反复洗涤色素，到巧克力豆无色素为止，合并色素漂洗液为样品溶液。

2. 色素提取

（1）聚酰胺吸附法：将样品溶液加柠檬酸溶液调 pH 值到 6，加热至 60 ℃。将 1 g 聚酰胺粉加少许水调成粥状，倒入样品溶液中，搅拌片刻，以 G₃ 垂融漏斗抽滤，用 60 ℃ pH 4 的水洗涤 3～5 次，然后用甲醇-甲酸溶液洗涤 3～5 次，再用水洗至中性，用乙醇-氨水-水溶液解吸 3～5 次，直至色素完全解吸。收集解吸液，加乙酸中和，蒸发至近干，加水溶解，定容至 5 mL。经 0.45 µm 微孔滤膜过滤，进高效液相色谱仪分析。

（2）液-液分配法（适用于含赤藓红的样品）：将制备好的样品溶液放入分液漏斗中，加 2 mL 盐酸、10～20 mL 三正辛胺的正丁醇溶液（5％），振摇提取，分取有机相，重复提取，直至有机相无色。合并有机相，用硫酸钠饱和溶液洗两次，每次 10 mL，分取有机相，放于蒸发皿中，水浴加热浓缩至 10 mL。转移至分液漏斗中，加 10 mL 正己烷，混匀，加氨水提取 2～3 次，每次 5 mL。合并氨水层（含水溶性酸性色素），用正己烷洗两次，氨水层加乙酸调成中性，水浴加热蒸发至近干，加水定容至 5 mL。经 0.45 µm 微孔滤膜过滤，进高效液相色谱仪分析。

3. 仪器参考条件

（1）色谱柱：C₁₈ 柱，4.6 mm × 250 mm，5 µm。

（2）进样量：10 µL。

（3）柱温：35 ℃。

（4）二极管阵列检测器，波长范围 400～800 nm，或紫外检测器，检测波长 254 nm。

（5）梯度洗脱表：见表 6-1。

表 6-1　梯度洗脱表

时间/min	流速/(mL/min)	0.02 mol/L 乙酸铵溶液占比/(%)	甲醇占比/(%)
0	1.0	95	5
3	1.0	65	35
7	1.0	0	100
10	1.0	0	100
10.1	1.0	95	5
21	1.0	95	5

4. 测定

将样品提取液和合成着色剂标准使用液分别注入高效液相色谱仪，根据保留时间定性，外标峰面积法定量。

六、计算

$$X = \frac{C \times V \times 1000}{m \times 1000 \times 1000} \tag{6-2}$$

式中：X——试样中着色剂的含量，g/kg；

C——进样液中着色剂的浓度，µg/mL；

V——试样稀释总体积，mL；

m——试样质量，g；

　　1000——换算系数。

　　计算结果以重复性条件下获得的两次独立测定结果的算术平均值表示,结果保留两位有效数字。

　　精密度:在重复性条件下获得的两次独立测定结果的绝对差值不得超过算术平均值的10%。

七、说明及注意事项

　　(1)方法检出限:柠檬黄、新红、苋菜红、胭脂红、日落黄均为 0.5 mg/kg,亮蓝、赤藓红均为 0.2 mg/kg(检测波长 254 nm 时亮蓝检出限为 1.0 mg/kg,赤藓红检出限为 0.5 mg/kg)。

　　(2)组分浓度超出工作曲线浓度范围时应进行适当倍数稀释,尽量保证被测组分浓度包含在工作曲线浓度范围内。

　　(3)取样时应注意样品的均一性。

八、思考题

　　用高效液相色谱法测定着色剂时,试样制备中脱气的目的是什么?

Ⅱ　纸层析法*

一、实验目的

　　学会使用纸层析法定性测定食品中着色剂的种类。

二、实验原理

　　水溶性酸性合成着色剂在酸性条件下能被聚酰胺牢固吸附,而在碱性条件下能解吸附,聚酰胺纯化后的色素溶液用纸色谱进行分离后,与标准比较定性。

三、适用范围

　　适用于食品中合成着色剂的测定。

四、实验试剂、主要仪器设备、实验原料

　　1. 实验试剂
　　(1)聚酰胺粉(尼龙 6)。
　　(2)乙醇溶液(50%)。
　　(3)乙醇-氨水溶液:取 1 mL 浓氨水,加 50%乙醇溶液至 100 mL。
　　(4)柠檬酸溶液(200 g/L)。
　　(5)pH 4 的水:在水中加 200 g/L 柠檬酸溶液,调 pH 值至 4。
　　(6)正丁醇-无水乙醇-氨水(1%)溶液(6+2+3)。
　　(7)着色剂混合标准液 1 mg/mL:参照液相色谱法测定合成着色剂中的配制方法。
　　2. 主要仪器设备
　　(1)点样管。

---

　　* 引自刘绍主编的《食品分析与检验(第二版)》(华中科技大学出版社 2019 年出版)。

（2）层析缸。

3. 实验原料

美年达饮料。

五、操作方法

1. 样品处理

称取 50.0 g 试样于 100 mL 烧杯中，加热驱除 CO_2。若样液 pH 值较高，用柠檬酸溶液（200 g/L）调 pH 值到 4 左右。

2. 吸附分离

将处理后所得的溶液加热到 70 ℃，加入 1 g 聚酰胺粉，充分摇匀，使着色剂完全被吸附。若溶液还有颜色，可再加一些聚酰胺粉。将吸附着色剂的聚酰胺粉全部转入漏斗中过滤，过滤后用 pH 4 的 70 ℃的水反复洗涤聚酰胺粉，每次 20 mL，洗涤过程中轻轻搅动，再用 pH 值接近 7 的 70 ℃的水（普通蒸馏水即可）多次洗涤至流出液为中性。然后用乙醇-氨水溶液分三次解吸全部着色剂，收集全部解吸液于水浴上除氨。

3. 定性

取色谱用纸，在距底边 2 cm 起始线上用点样管分别点 3～10 μL 的样品溶液、1～2 μL 着色剂标准液，置于盛有正丁醇-无水乙醇-氨展开剂的层析缸中，用上行法展开，待溶剂前沿展至 10～12 cm 处，将滤液取出，于空气中晾干，与标准斑比较定性。也可取 0.5 mL 样液，在起始线上从左至右点成条状，纸的左边点着色剂标准液，依次展开，晾干后定性，靛蓝在碱性条件下易褪色，可用甲乙酮-丙酮-水作展开剂。

六、说明及注意事项

（1）纸层析定性时不可皱折，边缘应剪齐，不可有毛边，而且要注意纸的横、竖向，应顺纹上行，展开较好，否则结果不规律。

（2）样品的前处理和提纯过程要充分去除杂质（油脂、蛋白质、淀粉、糖），以免影响吸附及层析效果。

（3）展开剂使用时最好 2 d 更换一次，以保证分离效果。放置时间过长造成浓度和极性都起变化，影响分离效果。

七、思考题

（1）测定着色剂，为什么在用聚酰胺吸附时要用柠檬酸溶液将 pH 值调至 4？

（2）纸层析法测定着色剂时，解吸之前为什么要用 70 ℃的水多次洗涤至流出液为中性？

实验三　食品中二氧化硫的测定
Ⅰ　酸碱滴定法[*]

一、实验目的

（1）掌握酸碱滴定法测定二氧化硫的原理及方法。

---

[*] 参考 GB 5009.34—2022 第一法。

（2）了解玻璃充氮蒸馏器的原理及使用方法。

二、实验原理

采用充氮蒸馏法处理试样,试样酸化后在加热条件下亚硫酸盐等系列物质释放二氧化硫,用过氧化氢溶液吸收蒸馏物,二氧化硫溶于吸收液被氧化生成硫酸,采用氢氧化钠标准溶液滴定,根据氢氧化钠标准溶液消耗量计算试样中二氧化硫的含量。

三、适用范围

本方法适用于食品中二氧化硫的测定。

四、实验试剂、主要仪器设备、实验原料

1. 实验试剂

（1）过氧化氢溶液（3%）:量取 30%（质量分数）的过氧化氢溶液 100 mL,加水稀释至 1000 mL,临用现配。

（2）盐酸（6 mol/L）:量取 50 mL 浓盐酸,缓缓倾入 50 mL 水中,边加边搅拌。

（3）甲基红乙醇溶液指示剂（2.5 g/L）:称取 0.25 g 甲基红,溶于 100 mL 无水乙醇。

（4）氢氧化钠标准溶液（0.1 mol/L）:按照 GB/T 601 配制并标定,或国家认证并授予标准物质证书的标准滴定液。

（5）氢氧化钠标准溶液（0.01 mol/L）:移取氢氧化钠标准溶液（0.1 mol/L）10.0 mL,置于 100 mL 容量瓶中,加无二氧化碳的水稀释至刻度。

2. 主要仪器设备

（1）玻璃充氮蒸馏器:500 mL 或 1000 mL,另配电热套、氮气源及气体流量计或等效的蒸馏装备。

（2）10 mL 半微量滴定管和 25 mL 滴定管。

（3）电子天平:感量为 0.01 g。

（4）粉碎机。

（5）组织捣碎机。

3. 实验原料

啤酒、饮料、饼干、糖果、果蔬罐头等。

五、操作方法

1. 试样制备

（1）液体试样:取啤酒、葡萄酒、果酒、其他发酵酒、配制酒、饮料类试样,采样量应大于 1 L,对于袋装、瓶装等包装试样需至少采集 3 个包装（同一批次或号）,将所有液体在一个容器中混合均匀后,密闭并标识,供检测用。

（2）固体试样:取粮食加工品、固体调味品、饼干、薯类食品、糖果制品（含巧克力及制品）、代用茶、酱腌菜、蔬菜干制品、食用菌制品、其他蔬菜制品、蜜饯、水果干制品、炒货食品及坚果制品（烘炒类、油炸类、其他类）、食糖、干制水产品、熟制动物性水产制品、食用淀粉、淀粉制品、非发酵性豆制品、蔬菜、水果、海水制品、生干坚果与籽类食品等试样,采样量应大于 600 g。根据具体产品的不同性质和特点,直接取样,充分混合均匀,或者将可食用的部分采用粉碎机等

合适的粉碎手段进行粉碎,充分混合均匀,贮存于洁净盛样袋内,密闭并标识,供检测用。

(3)半流体试样:对于袋装、瓶装等包装试样,需至少采集 3 个包装(同一批次或号);对于酱、果蔬罐头及其他半流体试样,采样量均应大于 600 g。采用组织捣碎机捣碎混匀后,贮存于洁净盛样袋内,密闭并标识,供检测用。

2.试样测定

取固体或半流体试样 20~100 g(精确至 0.01 g,取样量可视含量高低而定);取液体试样 20~200 mL(或 g),将称量好的试样置于圆底烧瓶(图 6-2 中 1)中,加水 200~500 mL。安装好装置后,打开回流冷凝管开关给水(冷凝水温度<15 ℃),将冷凝管的上端出口处连接的玻璃导管另一端置于 100 mL 锥形瓶底部。锥形瓶内加入 50 mL 3％过氧化氢溶液作为吸收液(玻璃导管的末端应在吸收液液面以下)。在吸收液中加入 3 滴 2.5 g/L 甲基红乙醇溶液指示剂,并用 0.01 mol/L 氢氧化钠标准溶液滴定至黄色,即为终点(如果超过终点,则应舍弃该吸收溶液)。开通氮气,调节气体流量至 1.0~2.0 L/min;打开分液漏斗的活塞,使 10 mL 6 mol/L盐酸快速流入烧瓶,立刻加热烧瓶内的溶液至沸腾,并保持微沸 1.5 h,停止加热。将吸收液放冷后摇匀,用 0.01 mol/L 氢氧化钠标准溶液滴定至黄色且 20 s 不褪,并同时进行空白实验。

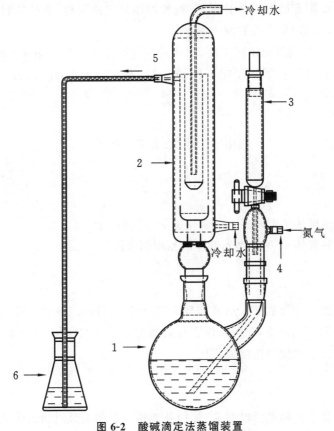

图 6-2 酸碱滴定法蒸馏装置

1—圆底烧瓶;2—竖式回流冷凝管;3—(带刻度)分液漏斗;
4—连接氮气流入口;5—SO₂ 导气口;6—接收瓶

六、计算

$$X = \frac{(V - V_0) \times c \times 0.032 \times 1000 \times 1000}{m}$$ 　　　　(6-3)

式中：X——试样中二氧化硫含量(以 SO_2 计)，mg/kg(或 mg/L)；

　　　V——滴定试样溶液时消耗氢氧化钠标准溶液的体积，mL；

　　　V_0——滴定空白溶液时消耗氢氧化钠标准溶液的体积，mL；

　　　c——氢氧化钠标准溶液的浓度，mol/L；

　　　0.032——与 1 mL 氢氧化钠标准溶液(1 mol/L)相当的二氧化硫的质量，g/mmol；

　　　m——试样的质量(或体积)，g(或 mL)。

计算结果保留三位有效数字。

精密度：在重复性条件下获得的两次独立测定结果的绝对差值不得超过算术平均值的 10%。

七、说明及注意事项

(1) 二氧化硫在阳光照射下会分解，导致检测结果出现偏离，故采样时，应尽量避开阳光照射的地方，如果无法避开，应做好避光措施。

(2) 用 0.01 mol/L 氢氧化钠滴定液，固体或半流体称样量为 35 g 时，检出限为 1 mg/kg，定量限为 10 mg/kg；液体取样量为 50 mL(或 g)时，检出限为 1 mg/L(或 mg/kg)，定量限为 6 mg/L(或 mg/kg)。

Ⅱ　分光光度法[*]

一、实验目的

(1) 掌握分光光度法测定食品中二氧化硫的原理和方法。

(2) 进一步了解紫外-可见分光光度计的原理和结构。

二、实验原理

样品直接用甲醛缓冲吸收液浸泡或加酸充氮蒸馏，释放的二氧化硫被甲醛溶液吸收，生成稳定的羟甲基磺酸加成化合物，酸性条件下与盐酸副玫瑰苯胺作用，生成蓝紫色配合物，该配合物的吸光度值与二氧化硫的浓度成正比。

三、适用范围

直接提取法适用于白糖及白糖制品、淀粉及淀粉制品和生湿面制品中二氧化硫的测定，充氮蒸馏提取法适用于葡萄酒及赤砂糖中二氧化硫的测定。

***

　　[*] 参考 GB 5009.34—2022 第二法。

四、实验试剂、主要仪器设备、实验原料

1. 实验试剂

(1) 氢氧化钠溶液(1.5 mol/L):称取 6.0 g 氢氧化钠,溶于水并稀释至 100 mL。

(2) 乙二胺四乙酸二钠溶液(0.05 mol/L):称取 1.86 g 乙二胺四乙酸二钠(EDTA-2Na),溶于水并稀释至 100 mL。

(3) 甲醛缓冲吸收贮备液:称取 2.04 g 邻苯二甲酸氢钾,溶于少量水中,加入 5.5 mL 36%~38%的甲醛溶液、20.0 mL 0.05 mol/L 乙二胺四乙酸二钠溶液,混匀,加水稀释并定容至 100 mL,于冰箱中冷藏保存。

(4) 甲醛缓冲吸收液:量取适量甲醛缓冲吸收贮备液,用水稀释 100 倍。临用时现配。

(5) 盐酸副玫瑰苯胺溶液(0.5 g/L):量取 25.0 mL 2%盐酸副玫瑰苯胺溶液,分别加入 30 mL 磷酸和 12 mL 盐酸,用水稀释至 100 mL,摇匀,放置 24 h,备用(避光密封保存)。

(6) 氨基磺酸铵溶液(3 g/L):称取 0.30 g 氨基磺酸铵,溶于水并稀释至 100 mL。

(7) 盐酸(6 mol/L):量取浓盐酸 50 mL,缓缓倾入 50 mL 水中,边加边搅拌。

(8) 二氧化硫标准使用液(10 μg/mL):准确吸取 5.0 mL 二氧化硫标准溶液(100 μg/mL),用甲醛缓冲吸收液定容至 50 mL。临用时现配。

2. 主要仪器设备

(1) 玻璃充氮蒸馏器:500 mL 或 1000 mL,或等效的蒸馏设备,见图 6-2。

(2) 紫外-可见分光光度计。

3. 实验原料

啤酒、饮料、饼干、糖果、果蔬罐头等。

五、操作方法

1. 试样制备

见本章实验三"食品中二氧化硫的测定"中"Ⅰ酸碱滴定法"的试样制备。

2. 试样处理

(1) 直接提取法:称取固体试样约 10 g(精确至 0.01 g),加 100 mL 甲醛缓冲吸收液,振荡浸泡 2 h,过滤,取滤液待测。同时做空白实验。

(2) 充氮蒸馏法:称取固体或半流体试样 10~50 g(精确至 0.01 g,取样量可视含量高低而定);量取液体试样 50~100 mL,置于圆底烧瓶(图 6-2 中 1)中,加水 250~300 mL。安装好装置后,打开回流冷凝管开关给水(冷凝水温度<15 ℃),将冷凝管的上端出口处连接的玻璃导管另一端置于 100 mL 锥形瓶底部。锥形瓶内加入 30 mL 甲醛缓冲吸收液作为吸收液(玻璃导管的末端应在吸收液液面以下)。开通氮气,调节气体流量至 1.0~2.0 L/min;打开分液漏斗的活塞,使 10 mL 6 mol/L 盐酸快速流入烧瓶,立刻加热烧瓶内的溶液至沸腾,并保持微沸 1.5 h,停止加热。取下接收瓶,以少量水冲洗导管尖嘴,并入接收瓶中。将瓶内吸收液转入 100 mL 容量瓶中,用甲醛缓冲吸收液定容,待测。

3. 标准曲线的制作

分别准确吸取 0 mL、0.20 mL、0.50 mL、1.00 mL、2.00 mL、3.00 mL 二氧化硫标准使用液(相当于 0 μg、2.0 μg、5.0 μg、10.0 μg、20.0 μg、30.0 μg 二氧化硫),置于 25 mL 具塞试管中,

加入甲醛缓冲吸收液至 10.00 mL,再依次加入 0.5 mL 3 g/L 氨基磺酸铵溶液、0.5 mL 1.5 mol/L氢氧化钠溶液、1.0 mL 0.5 g/L 盐酸副玫瑰苯胺溶液,摇匀,放置 20 min 后,用紫外-可见分光光度计在 579 nm 波长处测定标准溶液吸光度,并以质量为横坐标,吸光度为纵坐标,绘制标准曲线。

　　4. 试样溶液的测定

　　根据试样中二氧化硫的含量,准确吸取 0.50～10.00 mL 试样溶液,置于 25 mL 具塞试管中,加入甲醛缓冲吸收液至 10.00 mL,再依次加入 0.5 mL 3 g/L 氨基磺酸铵溶液、0.5 mL 1.5 mol/L氢氧化钠溶液、1.0 mL 0.5 g/L 盐酸副玫瑰苯胺溶液,摇匀,放置 20 min 后,用紫外-可见分光光度计在 579 nm 波长处测定溶液吸光度,同时做空白实验。

六、计算

$$X = \frac{(m_1 - m_0) \times V_1 \times 1000}{m_2 \times V_2 \times 1000} \tag{6-4}$$

式中:X——试样中二氧化硫含量(以 SO_2 计),mg/kg(或 mg/L);

　　　m_1——由标准曲线中查得的测定用试液中二氧化硫的质量,μg;

　　　m_0——由标准曲线中查得的测定用空白溶液中二氧化硫的质量,μg;

　　　V_1——试样提取液或试样蒸馏液定容体积,mL;

　　　m_2——试样的质量(或体积),g(或 mL);

　　　V_2——测定用试样提取液或试样蒸馏液的体积,mL。

　　计算结果保留三位有效数字。

　　精密度:在重复性条件下获得的两次独立测定结果的绝对差值不得超过算术平均值的 10%。

七、说明及注意事项

　　当固体或半流体称样量为 10 g,定容体积为 100 mL,取样体积为 10 mL 时,本方法检出限为 1 mg/kg,定量限为 6 mg/kg;液体取样量为 10 mL,定容体积为 100 mL,取样体积为 10 mL 时,本方法检出限为 1 mg/L,定量限为 6 mg/L。

八、思考题

　　(1) 酸碱滴定法测定二氧化硫相比于其他方法具有什么优势?

　　(2) 酸碱滴定法测定二氧化硫的原理是什么?

　　(3) 分光光度法测定二氧化硫的特点是什么?

实验四　食品中亚硝酸盐和硝酸盐测定
Ⅰ　离子色谱法[*]

一、实验目的

　　(1) 掌握离子色谱法分析食品中亚硝酸盐和硝酸盐含量的方法。

---

　　[*]　参考 GB 5009.33—2016 第一法。

（2）熟悉离子色谱仪的使用方法。

二、实验原理

试样经沉淀蛋白质、除去脂肪后，采用相应的方法提取和净化，以氢氧化钾溶液为淋洗液，用阴离子交换柱分离，电导检测器或紫外检测器检测。以保留时间定性，外标法定量。

三、适用范围

本方法适用于食品中亚硝酸盐和硝酸盐含量的测定。

四、实验试剂、主要仪器设备、实验原料

1. 实验试剂

除非另有说明，本方法所用试剂均为分析纯，水为 GB/T 6682 规定的一级水。

（1）乙酸溶液（3%）：量取 3 mL 乙酸，置于 100 mL 容量瓶中，以水稀释至刻度，混匀。

（2）氢氧化钾溶液（1 mol/L）：称取 6 g 氢氧化钾，加入新煮沸过的冷水溶解，并稀释至 100 mL，混匀。

（3）亚硝酸盐标准贮备液（100 mg/L，以 NO_2^- 计，下同）：准确称取 0.1500 g 于 110~120 ℃干燥至恒重的亚硝酸钠，用水溶解并转移至 1000 mL 容量瓶中，加水稀释至刻度，混匀。

（4）硝酸盐标准贮备液（1000 mg/L，以 NO_3^- 计，下同）：准确称取 1.3710 g 于 110~120 ℃干燥至恒重的硝酸钠，用水溶解并转移至 1000 mL 容量瓶中，加水稀释至刻度，混匀。

（5）亚硝酸盐和硝酸盐混合标准中间液：准确移取亚硝酸根离子（NO_2^-）和硝酸根离子（NO_3^-）的标准贮备液各 1.0 mL，置于 100 mL 容量瓶中，用水稀释至刻度，此溶液每升含亚硝酸根离子 1.0 mg 和硝酸根离子 10.0 mg。

（6）亚硝酸盐和硝酸盐混合标准使用液：移取亚硝酸盐和硝酸盐混合标准中间液，加水逐级稀释，制成系列混合标准使用液，亚硝酸根离子浓度分别为 0.02 mg/L、0.04 mg/L、0.06 mg/L、0.08 mg/L、0.10 mg/L、0.15 mg/L、0.20 mg/L，硝酸根离子浓度分别为 0.2 mg/L、0.4 mg/L、0.6 mg/L、0.8 mg/L、1.0 mg/L、1.5 mg/L、2.0 mg/L。

2. 主要仪器设备

（1）离子色谱仪：配电导检测器及抑制器或紫外检测器、高容量阴离子交换柱、50 μL 定量环。

（2）食物粉碎机。

（3）超声波清洗器。

（4）分析天平：感量为 0.1 mg 和 1 mg。

（5）离心机：转速≥10000 r/min，配 50 mL 离心管。

（6）0.22 μm 水性滤膜针头滤器。

（7）净化柱：包括 C_{18} 柱、Ag 柱或 Na 柱或等效柱。

（8）注射器：1.0 mL 和 2.5 mL。

注：所有玻璃器皿使用前均需依次用 2 mol/L 氢氧化钾溶液和水分别浸泡 4 h，然后用水冲洗 3~5 次，晾干备用。

3. 实验原料

干酪、牛奶、鸡蛋、蔬菜、水果等。

五、操作方法

1. 试样预处理

(1) 蔬菜、水果:将新鲜蔬菜、水果试样用自来水洗净后,用水冲洗,晾干后,取可食部分切碎混匀。将切碎的样品用四分法取适量,用食物粉碎机制成匀浆,备用。如需加水,应记录加水量。

(2) 粮食及其他植物样品:除去可见杂质后,取有代表性试样 50～100 g,粉碎后,过0.30 mm筛(相当于 50 目),混匀,备用。

(3) 肉类、蛋、水产及其制品:用四分法取适量或取全部,用食物粉碎机制成匀浆,备用。

(4) 乳粉、豆奶粉、婴儿配方粉等固体乳制品(不包括干酪):将试样装入能够容纳 2 倍体积试样的带盖容器中,通过反复摇晃和颠倒容器使样品充分混匀,直到使试样均一化。

(5) 发酵乳、乳、炼乳及其他液体乳制品:通过搅拌或反复摇晃和颠倒容器使试样充分混匀。

(6) 干酪:取适量的样品,研磨成均匀的泥浆状。为避免水分损失,研磨过程中应避免产生过多的热量。

2. 提取

(1) 蔬菜、水果等植物性试样:称取试样 5 g(精确至 0.001 g,可适当调整试样的取样量,以下相同),置于 150 mL 具塞锥形瓶中,加入 80 mL 水、1 mL 1 mol/L 氢氧化钾溶液,超声提取 30 min,每隔 5 min 振摇一次,保持固相完全分散。于 75 ℃水浴中放置 5 min,取出放置至室温,定量转移至 100 mL 容量瓶中,加水稀释至刻度,混匀。溶液经滤纸过滤后,取部分溶液于 10000 r/min 离心 15 min,上清液备用。

(2) 肉类、蛋类、鱼类及其制品等:称取试样匀浆 5 g(精确至 0.001 g),置于 150 mL 具塞锥形瓶中,加入 80 mL 水,超声提取 30 min,每隔 5 min 振摇一次,保持固相完全分散。于75 ℃水浴中放置 5 min,取出放置至室温,定量转移至 100 mL 容量瓶中,加水稀释至刻度,混匀。溶液经滤纸过滤后,取部分溶液于 10000 r/min 离心 15 min,上清液备用。

(3) 腌鱼类、腌肉类及其他腌制品:称取试样匀浆 2 g(精确至 0.001 g),置于 150 mL 具塞锥形瓶中,加入 80 mL 水,超声提取 30 min,每隔 5 min 振摇一次,保持固相完全分散。于75 ℃水浴中放置 5 min,取出放置至室温,定量转移至 100 mL 容量瓶中,加水稀释至刻度,混匀。溶液经滤纸过滤后,取部分溶液于 10000 r/min 离心 15 min,上清液备用。

(4) 乳:称取试样 10 g(精确至 0.01 g),置于 100 mL 具塞锥形瓶中,加水 80 mL,摇匀,超声提取 30 min,加入 2 mL 3‰乙酸溶液,于 4 ℃放置 20 min,取出放置至室温,加水稀释至刻度。溶液经滤纸过滤,滤液备用。

(5) 乳粉及干酪:称取试样 2.5 g(精确至 0.01 g),置于 100 mL 具塞锥形瓶中,加水80 mL,摇匀,超声提取 30 min,取出放置至室温,定量转移至 100 mL 容量瓶中,加入 2 mL3‰乙酸溶液,加水稀释至刻度,混匀。于 4 ℃放置 20 min,取出放置至室温,溶液经滤纸过滤,滤液备用。

(6) 取上述备用溶液约 15 mL,通过 0.22 μm 水性滤膜针头滤器、C_{18}柱,弃去前面 3 mL(如果氯离子浓度大于 100 mg/L,则需要依次通过针头滤器、C_{18}柱、Ag 柱和 Na 柱,弃去前面7 mL),收集后面洗脱液待测。

固相萃取柱使用前需进行活化,C_{18}柱(1.0 mL)、Ag 柱(1.0 mL)和 Na 柱(1.0 mL)的活化

过程如下:C_{18}柱(1.0 mL)使用前依次用 10 mL 甲醇、15 mL 水通过,静置活化 30 min;Ag 柱 (1.0 mL)和 Na 柱 (1.0 mL)用 10 mL 水通过,静置活化 30 min。

3. 仪器参考条件

(1)色谱柱:氢氧化物选择性,可兼容梯度洗脱的二乙烯基苯-乙基苯乙烯共聚物基质、烷醇基季铵盐功能团的高容量阴离子交换柱,4 mm × 250 mm(带保护柱 4 mm × 50 mm),或性能相当的离子色谱柱。

(2)淋洗液:氢氧化钾溶液,浓度为 6～70 mmol/L;洗脱梯度为 6 mmol/L 30 min, 70 mmol/L 5 min,6 mmol/L 5 min;流速为 1.0 mL/min。(粉状婴幼儿配方食品:氢氧化钾溶液,浓度为 5～50 mmol/L;洗脱梯度为 5 mmol/L 33 min,50 mmol/L 5 min,5 mmol/L 5 min;流速为 1.3 mL/min。)

(3)抑制器。

(4)检测器:电导检测器,检测池温度为 35 ℃。或紫外检测器,检测波长为 226 nm。

(5)进样体积:50 μL(可根据试样中被测离子含量进行调整)。

4. 测定

(1)标准曲线的制作:将标准系列工作液分别注入离子色谱仪中,得到各浓度标准工作液色谱图,测定相应的峰高(μS)或峰面积,以标准工作液的浓度为横坐标,峰高(μS)或峰面积为纵坐标,绘制标准曲线。亚硝酸盐和硝酸盐标准色谱图见图 6-3。

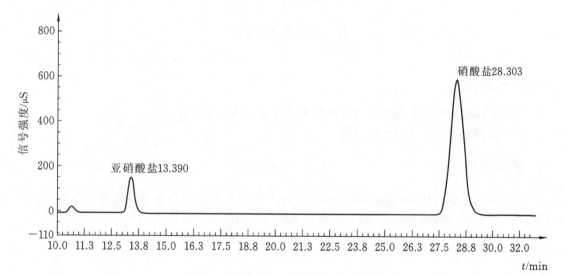

图 6-3　亚硝酸盐和硝酸盐标准色谱图

(2)试样溶液的测定:将空白和试样溶液注入离子色谱仪中,得到空白和试样溶液的峰高(μS)或峰面积,根据标准曲线得到待测液中亚硝酸根离子、硝酸根离子的浓度。

六、计算

$$X = \frac{(\rho - \rho_0) \times V \times f \times 1000}{m \times 1000} \qquad (6\text{-}5)$$

式中:X——试样中亚硝酸根离子(或硝酸根离子)的含量,mg/kg;

ρ——测定用试样溶液中的亚硝酸根离子(或硝酸根离子)浓度,mg/L;

ρ_0——试剂空白液中亚硝酸根离子(或硝酸根离子)的浓度,mg/L;

V——试样溶液的体积,mL;

f——试样溶液稀释倍数;

1000——换算系数;

m——试样取样量,g。

试样中测得的亚硝酸根离子含量乘以换算系数 1.5,即得亚硝酸盐(按亚硝酸钠计)含量;试样中测得的硝酸根离子含量乘以换算系数 1.37,即得硝酸盐(按硝酸钠计)含量。

计算结果保留两位有效数字。

精密度:在重复性条件下获得的两次独立测定结果的绝对差值不得超过算术平均值的 10%。

七、说明及注意事项

亚硝酸盐和硝酸盐检出限分别为 0.2 mg/kg 和 0.4 mg/kg。

八、思考题

(1) 电导检测器为什么可以作为离子色谱分析的检测器?

(2) 什么是淋洗液?它在离子色谱中起到什么作用?

Ⅱ　分光光度法*

一、实验目的

(1) 掌握用分光光度法测定食品中亚硝酸盐含量的原理及方法。

(2) 熟悉分光光度计的使用方法。

二、实验原理

试样经沉淀蛋白质、除去脂肪后,在弱酸条件下,亚硝酸盐与对氨基苯磺酸重氮化后,再与盐酸萘乙二胺偶合形成紫红色染料,用外标法测得亚硝酸盐含量。

三、适用范围

本方法适用于食品中亚硝酸盐的测定。

四、实验试剂、主要仪器设备、实验原料

1. 实验试剂

(1) 亚铁氰化钾溶液(106 g/L):称取 106.0 g 亚铁氰化钾,用水溶解,并稀释至 1000 mL。

(2) 乙酸锌溶液(220 g/L):称取 220.0 g 乙酸锌,先加 30 mL 冰乙酸溶解,再用水稀释至 1000 mL。

(3) 硼砂饱和溶液(50 g/L):称取 5.0 g 硼酸钠,溶于 100 mL 热水中,冷却后备用。

---

* 参考 GB 5009.33—2016 第二法。

（4）盐酸（20％）：量取 20 mL 浓盐酸，用水稀释至 100 mL。

（5）对氨基苯磺酸溶液（4 g/L）：称取 0.4 g 对氨基苯磺酸，溶于 100 mL 20％盐酸中，混匀，置于棕色瓶中，避光保存。

（6）盐酸萘乙二胺溶液（2 g/L）：称取 0.2 g 盐酸萘乙二胺，溶于 100 mL 水中，混匀，置于棕色瓶中，避光保存。

（7）乙酸溶液（3％）：量取 3 mL 冰乙酸，置于 100 mL 容量瓶中，以水稀释至刻度，混匀。

（8）亚硝酸钠标准溶液（200 μg/mL，以亚硝酸钠计）：准确称取 0.1000 g 于 110～120 ℃ 干燥至恒重的亚硝酸钠，加水溶解，移入 500mL 容量瓶中，加水稀释至刻度，混匀。

（9）亚硝酸钠标准使用液（5.0 μg/mL）：临用前，吸取 2.50 mL 亚硝酸钠标准溶液，置于 100 mL 容量瓶中，加水稀释至刻度。

2. 主要仪器设备

（1）天平：感量为 0.1 mg 和 1 mg。

（2）组织捣碎机。

（3）超声波清洗器。

（4）恒温干燥箱。

（5）分光光度计。

3. 实验原料

干酪、牛奶、鸡蛋、蔬菜、水果等。

五、操作方法

1. 试样预处理

（1）蔬菜、水果：将新鲜蔬菜、水果试样用自来水洗净后，用水冲洗，晾干后，取可食部分切碎混匀。将切碎的样品用四分法取适量，用食物粉碎机制成匀浆，备用。如需加水，应记录加水量。

（2）粮食及其他植物样品：除去可见杂质后，取有代表性试样 50～100 g，粉碎后，过 0.30 mm 筛（相当于 50 目），混匀，备用。

（3）肉类、蛋、水产及其制品：用四分法取适量或取全部，用食物粉碎机制成匀浆，备用。

（4）乳粉、豆奶粉、婴儿配方粉等固体乳制品（不包括干酪）：将试样装入能够容纳 2 倍体积试样的带盖容器中，通过反复摇晃和颠倒容器使样品充分混匀，直到使试样均一化。

（5）发酵乳、乳、炼乳及其他液体乳制品：通过搅拌或反复摇晃和颠倒容器使试样充分混匀。

（6）干酪：取适量的样品，研磨成均匀的泥浆状。为避免水分损失，研磨过程中应避免产生过多的热量。

2. 提取

（1）干酪：称取试样 2.5 g（精确至 0.001 g），置于 150 mL 具塞锥形瓶中，加水 80 mL，摇匀，超声提取 30 min，取出后放置至室温，定量转移至 100 mL 容量瓶中，加入 2 mL 3％乙酸溶液，加水稀释至刻度，混匀。于 4 ℃放置 20 min，取出后放置至室温，溶液经滤纸过滤，滤液备用。

（2）液体乳样品：称取试样 90 g（精确至 0.001 g），置于 250 mL 具塞锥形瓶中，加12.5 mL 硼砂饱和溶液，加入 70 ℃左右的水约 60 mL，混匀，于沸水浴中加热 15 min，取出后置于冷水浴中冷却，并放置至室温。定量转移上述提取液至 200 mL 容量瓶中，加入 5 mL 106 g/L 亚铁氰化钾溶液,摇匀,再加入 5 mL 220 g/L 乙酸锌溶液,以沉淀蛋白质。加水至刻度,摇匀,放置 30 min,除去上层脂肪,上清液用滤纸过滤,滤液备用。

(3) 乳粉:称取试样 10 g(精确至 0.001 g),置于 150 mL 具塞锥形瓶中,加 12.5 mL 硼砂饱和溶液,加入 70 ℃左右的水约 150 mL,混匀,于沸水浴中加热 15 min,取出置于冷水浴中冷却,并放置至室温。定量转移上述提取液至 200 mL 容量瓶中,加 5 mL 106 g/L 亚铁氰化钾溶液,摇匀,再加入 5 mL 220 g/L 乙酸锌溶液,以沉淀蛋白质。加水至刻度,摇匀,放置 30 min,除去上层脂肪,上清液用滤纸过滤,弃去初滤液 30 mL,滤液备用。

(4) 其他样品:称取 5 g(精确至 0.001 g)匀浆试样(如制备过程中加水,应按加水量换算),置于 250 mL 具塞锥形瓶中,加 12.5 mL 硼砂饱和溶液,加入 70 ℃左右的水约 150 mL,混匀,于沸水浴中加热 15 min,取出后置于冷水浴中冷却,并放置至室温。定量转移上述提取液至 200 mL 容量瓶中,加入 5 mL 106 g/L 亚铁氰化钾溶液,摇匀,再加入 5 mL 220 g/L 乙酸锌溶液以沉淀蛋白质。加水至刻度,摇匀,放置 30 min,除去上层脂肪,上清液用滤纸过滤,弃去初滤液 30 mL,滤液备用。

3. 测定

吸取 40.0 mL 上述滤液,置于 50 mL 带塞比色管中,另吸取 0 mL、0.20 mL、0.40 mL、0.60 mL、0.80 mL、1.00 mL、1.50 mL、2.00 mL、2.50 mL 亚硝酸钠标准使用液(相当于 0 μg、1.0 μg、2.0 μg、3.0 μg、4.0 μg、5.0 μg、7.5 μg、10.0 μg、12.5 μg 亚硝酸钠),分别置于 50 mL 带塞比色管中。于标准管与试样管中分别加入 2 mL 4 g/L 对氨基苯磺酸溶液,混匀,静置 3～5 min 后各加入 1 mL 2 g/L 盐酸萘乙二胺溶液,加水至刻度,混匀,静置 15 min,用 1 cm 比色皿,以零管调节零点,于 538 nm 波长处测定吸光度,绘制标准曲线并比较。同时做试剂空白实验。

六、计算

$$X = \frac{m_1 \times 1000}{m_2 \times \frac{V_1}{V_0} \times 1000}$$ (6-6)

式中:X——试样中亚硝酸钠的含量,mg/kg;

　　　m_1——测定用样液中亚硝酸钠的质量,μg;

　　　1000——转换系数;

　　　m_2——试样质量,g;

　　　V_1——测定用样液体积,mL;

　　　V_0——试样处理液总体积,mL。

结果保留两位有效数字。

精密度:在重复性条件下获得的两次独立测定结果的绝对差值不得超过算术平均值的 10%。

七、说明及注意事项

(1) 样品必须粉碎均匀,以便充分提取。

(2) 显色时,必须按顺序添加对氨基苯磺酸和盐酸萘乙二胺,不得颠倒顺序。

(3) 亚硝酸盐检出限:液体乳 0.06 mg/kg,乳粉 0.5 mg/kg,干酪及其他 1 mg/kg。

八、思考题

（1）制作亚硝酸钠标准曲线时应当注意什么？

（2）用分光光度法测定亚硝酸盐时，硼砂饱和溶液的作用是什么？

第七章　食品中有毒有害物质的测定

食品中的有毒有害物质主要来源于污染:一是食品原料受产地空气、土壤、水源、农药、肥料等的污染;二是食品在加工、贮藏、包装、销售过程中的污染。食品有毒有害物质分析主要包括农药残留、有毒化学元素、其他有害物质(如亚硝胺、苯并芘、多氯联苯等)、生物毒素等的分析。

实验一　植物油中过氧化值的测定(滴定法)[*]

一、实验目的

(1) 掌握滴定法测定植物油中过氧化值的原理和方法。
(2) 了解测定植物油中过氧化值的意义。
(3) 理解造成过氧化值测定误差的主要原因。

二、实验原理

制备的油脂试样在三氯甲烷和冰乙酸中溶解,其中的过氧化物与碘化钾反应生成碘,用硫代硫酸钠标准溶液滴定析出的碘。用过氧化物相当于碘的质量分数或 1 kg 样品中活性氧的物质的量(mmol)表示过氧化值的量。

三、适用范围

本方法适用于食用动植物油脂、食用油脂制品,以小麦粉、谷物、坚果等植物性食品为原料经油炸、膨化、烘烤、调制、炒制等加工工艺而制成的食品,以及以动物性食品为原料经速冻、干制、腌制等加工工艺而制成的食品,不适用于植脂末等包埋类油脂制品的测定。

四、实验试剂、主要仪器设备、实验原料

1. 实验试剂

(1) 三氯甲烷-冰乙酸混合液(40+60):量取 40 mL 三氯甲烷,加 60 mL 冰乙酸,混匀。

(2) 碘化钾饱和溶液:称取 20 g 碘化钾,加入 10 mL 新煮沸并冷却的水,摇匀后贮于棕色瓶中,存放于避光处备用。要确保溶液中有碘化钾结晶存在。使用前检查:在 30 mL 三氯甲烷-冰乙酸混合液中添加 1.00 mL 碘化钾饱和溶液和 2 滴 1% 淀粉指示剂,若出现蓝色,并需用 1 滴以上的 0.01 mol/L 硫代硫酸钠溶液才能消除,此碘化钾溶液不能使用,应重新配制。

(3) 1% 淀粉指示剂:称取 0.5 g 可溶性淀粉,加少量水调成糊状。边搅拌边倒入 50 mL 沸水,再煮沸搅匀后,放冷备用。临用前配制。

(4) 石油醚的处理:取 100 mL 石油醚,置于蒸馏瓶中,在低于 40 ℃ 的水浴中,用旋转蒸发仪减压蒸干。用 30 mL 三氯甲烷-冰乙酸混合液分次洗涤蒸馏瓶,合并洗涤液于 250 mL 碘量

---

[*]　本实验参考 GB 5009.227—2016 第一法。

瓶中。准确加入 1.00 mL 碘化钾饱和溶液,塞紧瓶盖,并轻轻振摇 0.5 min,在暗处放置3 min,加 1.0 mL 淀粉指示剂后混匀,若无蓝色出现,此石油醚用于试样制备;如加 1.0 mL 淀粉指示剂混匀后有蓝色出现,则需更换试剂。

(5) 0.1 mol/L 硫代硫酸钠标准溶液:称取 26 g 硫代硫酸钠,加 0.2 g 无水碳酸钠,溶于 1000 mL水中,缓缓煮沸 10 min,冷却。放置两周后过滤、标定。

(6) 0.01 mol/L 或 0.002 mol/L 硫代硫酸钠标准溶液:由 0.1 mol/L 硫代硫酸钠标准溶液以新煮沸并冷却的水稀释而成。临用前配制。

(7) 无水硫酸钠。

(8) 重铬酸钾:工作基准试剂。

2. 主要仪器设备

(1) 碘量瓶:250 mL。

(2) 滴定管:10 mL,最小刻度为 0.05 mL。

(3) 滴定管:25 mL 或 50 mL,最小刻度为 0.1 mL。

(4) 旋转蒸发仪。

(5) 天平:感量为 1 mg 和 0.01 mg。

(6) 电热恒温干燥箱。

3. 实验原料

食用植物油。

五、操作方法

1. 试样制备

对液体样品,振摇装有试样的密闭容器,充分均匀后直接取样;对固体样品,选取有代表性的试样,置于密闭容器中混匀后取样。

2. 试样的测定

称取上述制备的试样 2～3 g(精确至 0.001g),置于 250 mL 碘量瓶中,加入 30 mL 三氯甲烷-冰乙酸混合液,轻轻振摇使试样完全溶解。准确加入 1.00 mL 碘化钾饱和溶液,塞紧瓶盖,并轻轻振摇 0.5 min,在暗处放置 3 min。取出后加 100 mL 水,摇匀后立即用硫代硫酸钠标准溶液(过氧化值估计值小于或等于 0.15 g/100 g 时,用 0.002 mol/L 标准溶液;过氧化值估计值大于 0.15 g/100 g 时,用 0.01 mol/L 标准溶液)滴定析出的碘,滴定至淡黄色时,加 1 mL 淀粉指示剂,继续滴定并强烈振摇,直至溶液蓝色消失,即为终点。同时进行空白实验。空白实验所消耗 0.01 mol/L 硫代硫酸钠标准溶液体积 V_0 不得超过 0.1 mL。

六、计算

1. 用碘的质量分数表示过氧化值

用过氧化物相当于碘的质量分数表示过氧化值时,按下式计算:

$$X_1 = \frac{(V-V_0) \times c \times 0.1269}{m} \times 100 \tag{7-1}$$

式中:X_1——过氧化值,g/100 g;

V——试样消耗的硫代硫酸钠标准溶液体积,mL;

V_0——空白实验消耗的硫代硫酸钠标准溶液体积,mL;

c——硫代硫酸钠标准溶液的浓度,mol/L;

0.1269——与 1.00 mL 硫代硫酸钠标准溶液(c($Na_2S_2O_3$)＝1.000 mol/L)相当的碘的
　　　　质量(g);

m——试样质量,g;

100——换算系数。

2. 用活性氧的物质的量(mmol)表示过氧化值

用 1 kg 样品中活性氧的物质的量(mmol)表示过氧化值时,按下式计算:

$$X_2 = \frac{(V-V_0) \times c}{2m} \times 1000 \qquad (7\text{-}2)$$

式中:X_2——过氧化值,mmol/kg;

V——试样消耗的硫代硫酸钠标准溶液体积,mL;

V_0——空白实验消耗的硫代硫酸钠标准溶液体积,mL;

c——硫代硫酸钠标准溶液的浓度,mol/L;

m——试样质量,g;

100——换算系数。

计算结果以重复性条件下获得的两次独立测定结果的算术平均值表示,结果保留两位有效数字。

精密度:在重复性条件下获得的两次独立测定结果的绝对差值不得超过算术平均值的 10%。

七、说明及注意事项

(1) 碘化钾饱和溶液应存放于避光处,以防止光线对试剂进行氧化。碘化钾饱和溶液中不允许存在游离碘和碘酸盐,使用前需对碘化钾饱和溶液进行检查。具体检查方法参见试剂配制部分。

(2) 实验中使用的所有器皿不得含有还原性或氧化性物质。磨砂玻璃表面不得涂油。

(3) 样品制备过程应避免强光,并尽可能避免带入空气。样品测定过程应避免在阳光直射下进行。

(4) 三氯甲烷与冰乙酸的比例、加入碘化钾饱和溶液后静置的时间以及加水量等均对测定结果有影响,应严格控制试样与空白实验的测定条件,保证一致。

八、思考题

(1) 进行空白实验的目的是什么?

(2) 滴定法测定植物油中过氧化值的操作过程中容易引起误差的地方是哪些? 如何避免?

实验二　食品中酸价的测定(冷溶剂指示剂滴定法)[*]

一、实验目的

(1) 了解测定食品中酸价的意义。

---

[*] 本实验参考 GB 5009.229—2016 第一法。

（2）掌握滴定法测定食品中酸价的原理和方法。

（3）学习不同油脂、油料试样的预处理方法。

二、实验原理

用有机溶剂将油脂试样溶解成样品溶液，再用氢氧化钾或氢氧化钠标准滴定溶液滴定样品溶液中的游离脂肪酸，以指示剂相应的颜色变化来判定滴定终点，最后通过消耗的标准滴定溶液的体积计算油脂试样的酸价。

三、适用范围

本方法适用于常温下能够被冷溶剂完全溶解成澄清溶液的食用油脂样品，包括食用植物油（辣椒油除外）、食用动物油、食用氢化油、起酥油、人造奶油、植脂奶油、植物油料，共计七类。本方法容易受深色色素干扰。

四、实验试剂、主要仪器设备、实验原料

1. 实验试剂

（1）氢氧化钾或氢氧化钠标准滴定溶液：浓度为 0.1 mol/L 或 0.5 mol/L，按照 GB/T 601 要求配制和标定，也可购买市售商品化试剂。

（2）乙醚-异丙醇混合液（1+1）：500 mL 的乙醚与 500 mL 的异丙醇充分互溶混合，用时现配。

（3）酚酞指示剂：称取 1 g 酚酞，加入 100 mL 95％乙醇并搅拌至完全溶解。

（4）百里香酚酞指示剂：称取 2 g 百里香酚酞，加入 100 mL 95％乙醇并搅拌至完全溶解。

（5）碱性蓝 6B 指示剂：称取 2 g 碱性蓝 6B，加入 100 mL 95％乙醇并搅拌至完全溶解。

（6）无水硫酸钠（Na_2SO_4）：在 105～110 ℃ 条件下充分烘干，然后装入密闭容器冷却并保存。

（7）甲基叔丁基醚。

（8）95％乙醇。

（9）无水乙醚。

（10）石油醚：沸程 30～60 ℃。

2. 主要仪器设备

（1）10 mL 微量滴定管：最小刻度为 0.05 mL。

（2）天平：感量为 1 mg。

（3）恒温水浴锅。

（4）恒温干燥箱。

（5）植物油料粉碎机或研磨机。

（6）旋转蒸发仪。

（7）索氏提取装置。

（8）离心机：最高转速不低于 8000 r/min。

3. 实验原料

食用植物油、食用动物油、人造奶油、植脂奶油或植物油料等。

五、操作方法

1. 试样预处理

1）食用油脂试样的预处理

若食用油脂样品常温下呈液态,且为澄清液体,则充分混匀后直接取样,否则需进行除杂和脱水干燥处理。

若食用油脂样品常温下为固态,需加热至完全熔化。若熔化后的油脂试样完全澄清,则可混匀后直接取样。若熔化后的油脂样品混浊或有沉淀,则应再进行除杂和脱水处理。

若样品为经乳化加工的食用油脂,则需加入有机溶剂(如石油醚)提取油脂,必要时应再进行除杂和脱水处理。

2）植物油料试样的预处理

先用粉碎机或研磨机把植物油料粉碎成均匀的细颗粒,脆性较高的植物油料(如大豆、葵花籽、棉籽、油菜籽等)应粉碎至粒径为 0.8～3 mm 甚至更小的细颗粒,而脆性较低的植物油料(如椰干、棕榈仁等)应粉碎至粒径不大于 6 mm 的颗粒。其间若发热明显,可加入适量液氮进行冷冻粉碎。

取粉碎的植物油料细颗粒,装入索氏提取装置中,再加入适量的提取溶剂(无水乙醚或石油醚),加热并回流提取 4 h。最后收集并合并所有的提取液于一个烧瓶中,置于水浴温度不高于 45 ℃ 的旋转蒸发仪内,0.08～0.1 MPa 负压条件下,将其中的溶剂彻底旋转蒸干,取残留的液体油脂作为试样进行酸价测定。

若残留的液态油脂混浊、乳化、分层或有沉淀,应进行除杂和脱水干燥处理。

2. 试样的称量

根据预处理后试样的颜色和估计的酸价,按照表 7-1 称量试样。

表 7-1　试样称样量

估计的酸价/(mg/g)	试样的最小称样量/g	使用滴定液的浓度/(mol/L)	试样称重的精确度/g
0～1	20	0.1	0.05
1～4	10	0.1	0.02
4～15	2.5	0.1	0.01
15～75	0.5～3.0	0.1 或 0.5	0.001
＞75	0.2～1.0	0.5	0.001

试样称样量和滴定液浓度应使滴定液用量在 0.2～10 mL(扣除空白值后)。若检测后,发现样品的实际称样量与该样品酸价所对应的应有称样量不符,应按照表 7-1 要求,调整称样量后重新检测。

3. 试样的测定

取一个干净的 250 mL 锥形瓶,按照试样称量的要求用天平称取经过预处理的油脂试样,其质量(m)单位为 g。加入 50～100 mL 乙醚-异丙醇混合液和 3～4 滴酚酞指示剂,充分振摇以溶解试样。再用装有氢氧化钾或氢氧化钠标准滴定溶液的刻度滴定管对试样溶液进行手工滴定,当试样溶液初现微红色,且 15 s 内无明显褪色时,为滴定终点。立刻停止滴定,记录下此滴定所消耗的标准滴定溶液的体积 V(mL)。

对于深色泽的油脂样品,可用百里香酚酞指示剂或碱性蓝 6B 指示剂取代酚酞指示剂。滴定时,当颜色变为蓝色时为百里香酚酞的滴定终点,碱性蓝 6B 指示剂的滴定终点为由蓝色变红色。对于米糠油(稻米油),用冷溶剂指示剂法测定酸价时只能用碱性蓝 6B 指示剂。

4. 空白实验

另取一个干净的 250 mL 锥形瓶,准确加入与试样测定时相同体积、相同种类的有机溶剂混合液(乙醚-异丙醇混合液)和指示剂(酚酞指示剂、百里香酚酞指示剂或碱性蓝 6B 指示剂),振摇混匀。然后用装有氢氧化钾或氢氧化钠标准滴定溶液的刻度滴定管进行手工滴定,当溶液初现微红色,且 15 s 内无明显褪色时,为滴定终点。立刻停止滴定,记录下此滴定所消耗的标准滴定溶液的体积 V_0(mL)。

对于冷溶剂指示剂滴定法,也可在配制好的试样溶解液(乙醚-异丙醇混合液)中滴加数滴指示剂(酚酞指示剂、百里香酚酞指示剂或碱性蓝 6B 指示剂),然后用氢氧化钾或氢氧化钠标准滴定溶液滴定试样溶解液至相应的颜色变化且 15 s 内无明显褪色后停止滴定,表明试样溶解液的酸性正好被中和。然后以这种酸性被中和的试样溶解液溶解油脂试样,再用同样的方法继续滴定试样溶液至相应的颜色变化且 15 s 内无明显褪色后停止滴定,记录下此滴定所消耗的标准滴定溶液的体积 V(mL),如此无须再进行空白实验,即 $V_0=0$。

六、计算

$$X_{\mathrm{AV}} = \frac{(V-V_0) \times c \times 56.1}{m} \tag{7-3}$$

式中:X_{AV}——酸价,mg/g;

　　　V——试样测定所消耗的标准滴定溶液的体积,mL;

　　　V_0——相应的空白测定所消耗的标准滴定溶液的体积,mL;

　　　c——标准滴定溶液的浓度,mol/L;

　　　56.1——氢氧化钾的摩尔质量,g/mol;

　　　m——油脂样品的称样量,g。

酸价≤ 1 mg/g 时,计算结果保留两位小数;1 mg/g<酸价≤100 mg/g 时,计算结果保留一位小数;酸价>100 mg/g 时,计算结果保留至整数位。

精密度:当酸价<1 mg/g 时,在重复条件下获得的两次独立测定结果的绝对差值不得超过算术平均值的 15%;当酸价≥1 mg/g 时,在重复条件下获得的两次独立测定结果的绝对差值不得超过算术平均值的 12%。

七、说明及注意事项

(1)根据含油食品的特性,选择合适的油脂提取和预处理方法。

(2)在冬季或气温稍低的区域,食用油样品(如花生油、芝麻油、棕榈油等)可能因为冻结而出现不均匀的现象。必要情况下可在比其熔点高 10 ℃ 左右的温度下加热并辅以超声处理。

(3)当被测定样品中酸性物质总量较低时,指示剂滴定法消耗的标准滴定溶液体积与酸性物质总量不呈线性关系,称样量显著影响酸价检测的准确性。因此,被测样品的称样量和滴定液浓度应使滴定液用量在 0.2～10 mL(扣除空白值后)。若检测后发现样品的实际称样量与该样品酸价所对应的应有称样量不符,应按照表 7-1 的要求,调整称样量后重新检测。

(4)酸价表征氧化变质的程度,无论是食用油脂样品还是食品样品提取的油脂样品,都需要样品开封后或油脂提取后快速检测,避免结果偏大。

（5）对于深色泽的油脂样品,其背景颜色会干扰对滴定终点指示剂颜色变化的判断,可用百里香酚酞指示剂或碱性蓝 6B 指示剂取代酚酞指示剂。必要情况下,可与自动电位滴定法同时进行比对分析。

八、思考题

（1）油脂酸败的原因是什么?
（2）测定食品酸价时,为什么要加入乙醚-异丙醇混合溶剂?
（3）测定食品酸价时,装样品的锥形瓶中不得混入无机酸,为什么?

阅读材料

一、油脂试样的除杂和干燥脱水

1. 除杂

作为试样的样品应为液态、澄清、无沉淀并充分混匀。如果样品不澄清、有沉淀,则应将油脂置于 50 ℃ 的水浴或恒温干燥箱内,将油脂的温度加热至 50 ℃ 并充分振摇以熔化可能的油脂结晶。若此时油脂样品变为澄清、无沉淀,则可作为试样,否则应将油脂置于 50 ℃ 的恒温干燥箱内,用滤纸过滤不溶性的杂质,取过滤后的澄清液体油脂作为试样,过滤过程应尽快完成。

若油脂样品中的杂质含量较高,且颗粒细小难以过滤干净,可先将油脂样品用离心机以 8000～10000 r/min 的转速离心 10～20 min,沉淀杂质。

对于凝固点高于 50 ℃ 或含有凝固点高于 50 ℃ 的油脂成分的样品,则应将油脂置于比其凝固点高 10 ℃ 左右的水浴或恒温干燥箱内,将油脂加热并充分振摇以熔化可能的油脂结晶。若还需过滤,则将油脂置于比其凝固点高 10 ℃ 左右的恒温干燥箱内,用滤纸过滤不溶性的杂质,取过滤后的澄清液体油脂作为试样,过滤过程应尽快完成。

2. 干燥脱水

若油脂中含有水分,则通过除杂处理后仍旧无法达到澄清状态,应进行干燥脱水。对于无结晶或凝固现象的油脂,以及经过除杂处理并冷却至室温后无结晶或凝固现象的油脂,可按每 10 g 油脂加入 1～2 g 的比例加入无水硫酸钠,并充分搅拌混合吸附脱水,然后用滤纸过滤,取过滤后的澄清液体油脂作为试样。

若油脂样品中的水分含量较高,可先将油脂样品用离心机以 8000～10000 r/min 的转速离心 10～20 min,分层后,取上层的油脂样品再用无水硫酸钠吸附脱水。

对于室温下有结晶或凝固现象的油脂,以及经过除杂处理并冷却至室温后有明显结晶或凝固现象的油脂,可将油脂样品用适量的石油醚于 40～55 ℃ 水浴内完全溶解后,加入适量无水硫酸钠,在加热条件下充分搅拌混合吸附脱水,并静置以沉淀硫酸钠使溶液澄清,然后收集上清液,将上清液置于水浴温度不高于 45 ℃ 的旋转蒸发仪内,0.08～0.1 MPa 负压条件下,将其中的石油醚彻底旋转蒸干,取残留的液体油脂作为试样。若残留油脂有混浊显现,将油脂样品按照相关要求再进行一次过滤除杂,便可获得澄清油脂样品。

对于由于凝固点过高而无法溶解于石油醚的油脂样品,则将油脂置于比其凝固点高 10 ℃ 左右的水浴或恒温干燥箱内,将油脂加热并充分振摇以熔化可能的油脂结晶或凝固物,然后加入适量的无水硫酸钠,在同样的温度环境下,充分搅拌混合吸附脱水,并静置以沉淀硫酸钠,然后仍在相同的加热条件下过滤上层的液态油脂样品,获得澄清的油脂样品,过滤过程应尽快完成。

二、固态油脂试样的处理

按表 7-1 的要求,称取固态油脂样品,置于比其熔点高 10 ℃左右的水浴或恒温干燥箱内,加热以完全熔化固态油脂试样。若熔化后的油脂试样完全澄清,则可混匀后直接取样;若熔化后的油脂样品混浊或有沉淀,则应按前述要求再进行除杂和脱水处理。

三、乳化类油脂试样的处理

称取适量的乳化油脂样品(含油量应符合表 7-1 的要求),加入试样体积 5～10 倍的石油醚,然后搅拌直至样品完全溶于石油醚中(若油脂样品凝固点过高,可置于 40～55 ℃水浴内搅拌至完全溶解),然后充分静置,分层后取上层有机相提取液,置于水浴温度不高于 45 ℃的旋转蒸发仪内,0.08～0.1 MPa 负压条件下,将其中的石油醚彻底旋转蒸干,取残留的液体油脂作为试样。若残留的油脂混浊、乳化、分层或有沉淀,则应按照前述要求进行除杂和脱水干燥的处理。

对于难于溶解的油脂,可采用以下溶剂为浸提液:石油醚-甲基叔丁基醚(1＋3),即将250 mL石油醚与 750 mL 甲基叔丁基醚充分互溶混合。

若油脂样品能完全溶解于石油醚等溶剂中成为澄清的溶液,或者只是成为悬浮液而不分层,则直接加入适量的无水硫酸钠,在同样的温度条件下,充分搅拌混合吸附脱水,并静置以沉淀硫酸钠,然后取上层清液置于水浴温度不高于 45 ℃的旋转蒸发仪内,0.08～0.1 MPa 负压条件下,将其中的石油醚彻底旋转蒸干,取残留的液体油脂作为试样。若残留的油脂混浊、乳化、分层或有沉淀,则应按照前述要求进行除杂和脱水干燥的处理。

四、样品的粉碎

1. 普通粉碎

先将样品切割或分割成小片或小块,再将其放入食品粉碎机中粉碎成粉末,并通过圆孔筛(若粉碎后样品粉末无法完全通过圆孔筛,可用研钵进一步研细再过筛)。取筛下物进行油脂的提取。

2. 普通捣碎

先将样品切割或分割成小片或小块,再将其放入研钵中,然后不断研磨,使样品充分捣碎、捣烂和混合。也可使用食品捣碎机将样品捣碎、捣烂和混合。对于花生酱、芝麻酱、辣椒酱等流动性样品,直接搅拌并充分混匀即可。

3. 冷冻粉碎

先将样品剪切成小块、小片或小粒,然后放入研钵中,加入适量的液氮,趁冷冻状态进行初步的捣烂并充分混匀。然后,趁未解冻,将捣烂的样品倒入组织捣碎机的不锈钢捣碎杯中,此时可再向捣碎杯中加入少量的液氮,然后以 10000～15000 r/min 的转速进行冷冻粉碎,将样品粉碎至大部分粒径不大于 4 mm 的颗粒。

4. 含有调味油包的预包装食品的粉碎

先按照上述三种粉碎技术,将预包装食品中含油的、非调味油包的食用部分粉碎,然后依据预包装食品原始最小包装单位中的比例,将调味油包中的油脂同粉碎的含油食用部分一起充分混合。

实验三　食品中有机磷农药的测定(气相色谱法)*

一、实验目的

(1) 掌握气相色谱仪的工作原理及使用方法。

(2) 学习食品中有机磷农药残留的气相色谱测定方法。

二、实验原理

食品中残留的有机磷农药经有机溶剂提取并经净化、浓缩后,注入气相色谱仪,汽化后在载气携带下于色谱柱中分离;当含有机磷的试样在检测器中的富氢焰上燃烧时,以 HPO 碎片的形式,放射出波长为 526 nm 的特征光。经检测器的单色器(滤光片)将非特征光滤除后,由光电倍增管接收,转换成电信号被火焰光度检测器检测。将试样的峰面积或峰高与标准品的峰面积或峰高进行比较定量。

三、适用范围

本方法适用于粮食、蔬菜、食用油中敌敌畏、乐果、马拉硫磷、对硫磷、甲拌磷、稻瘟净、杀螟硫磷、倍硫磷、虫螨磷等农药残留量分析。

四、实验试剂、主要仪器设备、实验原料

1. 实验试剂

除非另有说明,本方法中所用试剂均为分析纯,水为 GB/T 6682 规定的一级水。

(1) 二氯甲烷。

(2) 丙酮。

(3) 无水硫酸钠:在 600 ℃灼烧 4 h 后备用。

(4) 中性氧化铝:层析用,经 300 ℃活化 4 h 后备用。

(5) 活性炭:称取 20 g 活性炭,用盐酸(3 mol/L)浸泡过夜,抽滤后,用水洗至无氯离子,在 120 ℃烘干备用。

(6) 硫酸钠溶液(50 g/L)。

(7) 有机磷农药标准贮备液:分别准确称取有机磷农药标准品敌敌畏、乐果、马拉硫磷、对硫磷、甲拌磷、稻瘟净、杀螟硫磷、倍硫磷及虫螨磷各 10.0 mg,用苯(或三氯甲烷)溶解并稀释至 100 mL,放在冰箱中保存。

(8) 有机磷农药标准使用液:临用时用二氯甲烷稀释为使用液,使其浓度为敌敌畏、乐果、马拉硫磷、对硫磷和甲拌磷每毫升各相当于 1.0 μg,稻瘟净、倍硫磷、杀螟硫磷和虫螨磷每毫升各相当于 2.0 μg。

2. 主要仪器设备

(1) 粉碎机。

---

* 本实验参考 GB/T 5009.20—2003 第二法。

（2）电动振荡器。

（3）气相色谱仪：附有火焰光度检测器（FPD）。

3. 实验原料

粮食、蔬菜或食用油。

五、操作方法

1. 试样的提取与净化

（1）蔬菜：将蔬菜切碎混匀。称取 10.00 g 混匀的试样，置于 250 mL 具塞锥形瓶中，加 30～100 g（根据蔬菜含水量确定）无水硫酸钠脱水，剧烈振摇后如有固体硫酸钠存在，说明所加无水硫酸钠已够。加 0.2～0.8 g（根据蔬菜色素含量确定）活性炭脱色。加 70 mL 二氯甲烷，在振荡器上振摇 0.5 h，经滤纸过滤。量取 35 mL 滤液，在通风柜中室温下自然挥发至近干，用二氯甲烷少量多次研洗残渣，移入 10 mL（或 5 mL）具塞刻度试管中，并定容至 2.0 mL，备用。

（2）谷物：将样品经粉碎机粉碎（稻谷先脱壳），过 0.85 mm 筛（相当于 20 目），混匀。称取 10.00 g 混匀的试样，置于具塞锥形瓶中，加入 0.5 g 中性氧化铝、0.2 g 活性炭及 20 mL 二氯甲烷，振摇 0.5 h，过滤，滤液直接进样。如农药残留量过低，则加 30 mL 二氯甲烷，振摇过滤，量取 15 mL 滤液，浓缩并定容至 2 mL，进样。

（3）植物油：称取 5.0 g 混匀的试样，用 50 mL 丙酮分次溶解并洗入分液漏斗中，摇匀后，加 10 mL 水，轻轻旋转振摇 1 min，静置 1 h 以上，弃去下面析出的油层，上层溶液自分液漏斗上口倾入另一分液漏斗中，尽量不使剩余的油滴倒入（如乳化严重，分层不清，则放入 50 mL 离心管中，以 2500 r/min 离心 0.5 h，用滴管吸出上层清液）。加 30 mL 二氯甲烷、100 mL 硫酸钠溶液（50 g/L），振摇 1 min。静置分层后，将二氯甲烷提取液移至蒸发皿中。丙酮水溶液再用 10 mL 二氯甲烷提取一次，分层后，合并至蒸发皿中。自然挥发后，如无水，可用二氯甲烷少量多次研洗蒸发皿中残液，移入具塞量筒中，并定容至 5 mL。加 2 g 无水硫酸钠振摇脱水，再加 1 g 中性氧化铝、0.2 g 活性炭（毛油可加 0.5 g）振摇脱油和脱色，过滤，滤液直接进样。二氯甲烷提取液自然挥发后如有少量水，可用 5 mL 二氯甲烷分次将挥发后的残液洗入小分液漏斗内，提取 1 min，静置分层后将二氯甲烷层移入具塞量筒内，再以 5 mL 二氯甲烷提取一次，合并入具塞量筒内，定容至 10 mL，加 5 g 无水硫酸钠，振摇脱水，再加 1 g 中性氧化铝、0.2 g 活性炭，振摇脱油和脱色，过滤，滤液直接进样。或将二氯甲烷和水一起倒入具塞量筒中，用二氯甲烷少量多次研洗蒸发皿，洗液并入具塞量筒中，以二氯甲烷层为准定容至 5 mL，加 3 g 无水硫酸钠，然后如上加中性氧化铝和活性炭，依法操作。

2. 色谱条件

（1）色谱柱：玻璃柱，内径 3 mm，长 1.5～2.0 m。

① 分离测定敌敌畏、乐果、马拉硫磷和对硫磷的色谱柱。

A. 内装涂以 2.5% SE-30 和 3% QF-1 混合固定液的 60～80 目 Chromosorb W AW DMCS；

B. 内装涂以 1.5% OV-17 和 2% QF-1 混合固定液的 60～80 目 Chromosorb W AW DMCS；

C. 内装涂以 2% OV-101 和 2% QF-1 混合固定液的 60～80 目 Chromosorb W AW

DMCS。

② 分离、测定甲拌磷、虫螨磷、稻瘟净、倍硫磷和杀螟硫磷的色谱柱。

A. 内装涂以 3％ PEGA 和 5％ QF-1 混合固定液的 60～80 目 Chromosorb W AW DMCS；

B. 内装涂以 2％ NPGA 和 3％ QF-1 混合固定液的 60～80 目 Chromosorb W AW DMCS。

（2）气流速度：载气为氮气,80 mL/min;空气,50 mL/min;氢气,180 mL/min。（氮气、空气和氢气之比按各仪器型号不同选择各自的最佳比例条件。）

（3）温度：进样口,220 ℃;检测器,240 ℃;柱温,180 ℃(但测定敌敌畏时为 130 ℃)。

3. 试样的测定

将制备的有机磷农药标准使用液 2～5 μL 分别注入气相色谱仪中,可测得不同浓度有机磷标准溶液的峰高,分别绘制有机磷标准曲线。同时取试样溶液 2～5 μL 注入气相色谱仪中,测得的峰高从标准曲线图中查出相应的含量。

六、计算

$$X = \frac{A \times 1000}{m \times 1000 \times 1000}$$
(7-4)

式中：X——试样中有机磷农药的含量,mg/kg;

A——进样溶液中有机磷农药的质量,ng;

m——进样体积(μL)相当于试样的质量,g。

计算结果保留两位有效数字。

精密度：敌敌畏、甲拌磷、倍硫磷、杀螟硫磷在重复性条件下获得的两次独立测定结果的绝对差值不得超过算术平均值的 10％;乐果、马拉硫磷、对硫磷、稻瘟净在重复性条件下获得的两次独立测定结果的绝对差值不得超过算术平均值的 15％。

最低检出量为 0.1～0.3 ng,进样量相当于 0.01 g 试样时,最低检出浓度范围为 0.01～0.03 mg/kg。

七、说明及注意事项

（1）火焰光度检测器对含磷有机化合物特别敏感,但经常出现基线噪声过大的问题。这可能是由气体故障(各气路流量比不合适、气体不纯)、检测器未及时清理、外部干扰(如尘埃、强风、强静电场、强烈振动的仪器工作台、电源电压不稳定)等因素引起。

（2）有些有机磷农药(如敌敌畏)稳定性差且易被色谱柱中的担体吸附,故本方法采用降低操作温度的措施来克服上述困难。另外,也可采用缩短色谱柱至 1～1.3 m 或减小固定液涂渍的厚度等措施来克服。

八、思考题

（1）本实验中使用的无水硫酸钠、硫酸钠溶液、活性炭以及中性氧化铝各有何作用？

（2）火焰光度检测器的原理及适用范围是什么？

（3）如何检验该实验方法的准确度？如何提高检测结果的准确度？

实验四　食品中有机氯农药的测定(毛细管柱气相色谱法)*

一、实验目的

(1) 了解食品中有机氯农药残留的气相色谱测定方法。

(2) 掌握不同食品样品的预处理方法。

二、实验原理

试样中有机氯农药组分经有机溶剂提取、凝胶色谱层析净化,用毛细管柱气相色谱分离,电子捕获检测器检测,以保留时间定性,外标法定量。

三、适用范围

本方法适用于肉类、蛋类、乳类动物性食品和植物(含油脂)中 α-HCH、六氯苯、β-HCH、γ-HCH、五氯硝基苯、δ-HCH、五氯苯胺、七氯、五氯苯基硫醚、艾氏剂、氧氯丹、环氧七氯、反式氯丹、α-硫丹、顺式氯丹、p,p'-DDE、狄氏剂、异狄氏剂、β-硫丹、p,p'-DDD、o,p'-DDT、异狄氏剂醛、硫丹硫酸盐、p,p'-DDT、异狄氏剂酮、灭蚁灵的分析。

四、实验试剂、主要仪器设备、实验原料

1. 实验试剂

(1) 丙酮:重蒸馏。

(2) 石油醚:沸程 30~60 ℃,重蒸馏。

(3) 乙酸乙酯:重蒸馏。

(4) 环己烷:重蒸馏。

(5) 正己烷:重蒸馏。

(6) 氯化钠。

(7) 无水硫酸钠:将无水硫酸钠置于干燥箱中,于 120 ℃干燥 4 h,冷却后,密闭保存。

(8) 聚苯乙烯凝胶:200~400 目,或同类产品。

(9) 农药标准品:α-六六六(α-HCH)、六氯苯(HCB)、β-六六六(β-HCH)、γ-六六六(γ-HCH)、五氯硝基苯(PCNB)、δ-六六六(δ-HCH)、五氯苯胺(PCA)、七氯(heptachlor)、五氯苯基硫醚(PCPs)、艾氏剂(aldrin)、氧氯丹(oxychlordane)、环氧七氯(heptachlor epoxide)、反式氯丹(trans-chlordane)、α-硫丹(α-endosulfan)、顺式氯丹(cis-chlordane)、p,p'-滴滴伊(p,p'-DDE)、狄氏剂(dieldrin)、异狄氏剂(endrin)、β-硫丹(β-endosulfan)、p,p'-滴滴滴(p,p'-DDD)、o,p'-滴滴涕(o,p'-DDT)、异狄氏剂醛(endrin aldehyde)、硫丹硫酸盐(endosulfan sulfate)、p,p'-滴滴涕(p,p'-DDT)、异狄氏剂酮(endrin ketone)、灭蚁灵(mirex),纯度均应不低于98%。

(10) 农药标准品溶液:分别准确称取或吸取适量上述农药标准品,用少量苯溶解,再用正己烷稀释成一定浓度的标准贮备溶液。量取适量标准贮备溶液,用正己烷稀释为系列混合标准溶液。

* 本实验参考 GB/T 5009.19—2008 第一法。

2. 主要仪器设备

(1) 气相色谱仪:配有电子捕获检测器(ECD)。

(2) 凝胶净化柱:长 30 cm,内径 2.3~2.5 cm,具活塞玻璃层析柱,柱底垫少许玻璃棉。用洗脱剂乙酸乙酯-环己烷溶液(1+1)浸泡的凝胶,以湿法装入柱中,柱床高约 26 cm,凝胶始终保持在洗脱剂中。

(3) 全自动凝胶色谱系统:带有固定波长(254 nm)紫外检测器,供选择使用。

(4) 旋转蒸发仪。

(5) 组织匀浆器。

(6) 振荡器。

(7) 氮气浓缩器。

3. 实验原料

蛋类、肉类、乳类等动物性食品或植物(含油脂)类食品等。

五、操作方法

1. 试样预处理

蛋品去壳,制成匀浆;肉品去筋后,切成小块,制成肉糜;乳品混匀待用。

2. 提取与分配

(1) 蛋类:称取试样 20 g(精确到 0.01 g),置于 200 mL 具塞锥形瓶中,加水 5 mL(视试样水分含量加水,使总水量约为 20 g。通常鲜蛋水分含量约 75%,加水 5 mL 即可),再加入 40 mL 丙酮,振摇 30 min 后,加入 6 g 氯化钠,充分摇匀,然后加入 30 mL 石油醚,振摇 30 min。静置分层后,将有机相全部转移至 100 mL 具塞锥形瓶中,经无水硫酸钠干燥,量取 35 mL,置于旋转蒸发瓶中,浓缩至约 1 mL,加入 2 mL 乙酸乙酯-环己烷溶液(1+1)再浓缩,如此重复三次,浓缩至约 1 mL,供凝胶色谱层析净化使用。或将浓缩液转移至全自动凝胶渗透色谱系统配套的进样试管中,用乙酸乙酯-环己烷溶液(1+1)洗涤旋转蒸发瓶数次,将洗涤液合并至试管中,定容至 10 mL。

(2) 肉类:称取试样 20 g(精确到 0.01 g),加水 15 mL(视试样水分含量加水,使总水量约 20 g)。加 40 mL 丙酮,振摇 30 min,以下按照 2(1)蛋类试样的提取、分配步骤处理。

(3) 乳类:称取试样 20 g(精确到 0.01 g),鲜乳不需加水,直接加丙酮提取。以下按照 2(1)蛋类试样的提取、分配步骤处理。

(4) 大豆油:称取试样 1 g(精确到 0.01 g),直接加入 30 mL 石油醚,振摇 30 min 后,将有机相全部转移至旋转蒸发瓶中,浓缩至约 1 mL,加 2 mL 乙酸乙酯-环己烷溶液(1+1)再浓缩,如此重复三次,浓缩至约 1 mL,供凝胶色谱层析净化使用。或将浓缩液转移至全自动凝胶渗透色谱系统配套的进样试管中,用乙酸乙酯-环己烷溶液(1+1)洗涤旋转蒸发瓶数次,将洗涤液合并至试管中,定容至 10 mL。

(5) 植物类:称取 20 g 试样匀浆,加水 5 mL(视其水分含量加水,使总水量约 20 mL),加 40 mL 丙酮,振荡 30 min,加 6 g 氯化钠,摇匀。加 30 mL 石油醚,再振荡 30 min,以下按照 2(1)蛋类试样的提取、分配步骤处理。

3. 净化

选择手动或全自动净化方法的任何一种进行。

(1) 手动凝胶色谱柱净化:将试样浓缩液经凝胶柱以乙酸乙酯-环己烷溶液(1+1)洗脱,

弃去 0～35 mL 流分,收集 35～70 mL 流分。将其旋转蒸发浓缩至约 1 mL,再经凝胶柱净化收集 35～70 mL 流分,蒸发浓缩,用氮气吹除溶剂,用正己烷定容至 1 mL,留待气相色谱分析。

(2) 全自动凝胶渗透色谱系统净化:试样由 5 mL 试样环注入凝胶渗透色谱(GPC)柱,泵流速为 5.0 mL/min,以乙酸乙酯-环己烷溶液(1+1)洗脱,弃去 0～7.5 min 流分,收集 7.5～15 min 流分,15～20 min 冲洗 GPC 柱。将收集的流分旋转蒸发浓缩至约 1 mL,用氮气吹至近干,用正己烷定容至 1 mL,留待气相色谱分析。

4. 测定

(1) 气相色谱参考条件:

① 色谱柱:DM-5 石英弹性毛细管柱,长 30 m、内径 0.32 mm、膜厚 0.25 μm;或等效柱。

② 柱温:柱温自 90 ℃,保持 1 min,以 40 ℃/min 的速度升温至 170 ℃;接着以 2.3 ℃/min 的速度升温至 230 ℃,保持 17 min;再以 40 ℃/min 的速度升温至 280 ℃,保持 5 min。

③ 进样口温度:280 ℃。不分流进样,进样量 1 μL。

④ 检测器:电子捕获检测器(ECD),温度 300 ℃。

⑤ 载气流速:氮气(N$_2$)流速 1 mL/min;尾吹气流速 25 mL/min。

⑥ 柱前压:0.5 MPa。

(2) 色谱分析:分别吸取 1 μL 混合标准液及试样净化液,注入气相色谱仪中,记录色谱图,以保留时间定性,以试样和标准样的峰高或峰面积比较定量。

六、计算

$$X = \frac{m_1 \times V_1 \times f \times 1000}{m \times V_2 \times 1000} \tag{7-5}$$

式中:X——试样中各有机氯农药的含量,mg/kg;

m_1——被测样液中各农药的含量,ng;

V_1——样液进样体积,μL;

f——稀释因子;

m——试样质量,g;

V_2——样液最后定容体积,mL。

计算结果保留两位有效数字。

精密度:在重复性条件下获得的两次独立测定结果的绝对差值不得超过算术平均值的 20%。

不同食品试样、不同有机氯农药的检出限不同,见表 7-2。

表 7-2 不同食品试样的检出限 （单位:μg/kg）

农药	猪肉	牛肉	羊肉	鸡肉	鱼	鸡蛋	植物油
α-六六六	0.135	0.034	0.045	0.018	0.039	0.053	0.097
六氯苯	0.114	0.098	0.051	0.089	0.030	0.060	0.194
β-六六六	0.210	0.376	0.107	0.161	0.179	0.179	0.634
γ-六六六	0.075	0.134	0.118	0.077	0.064	0.096	0.226

农药	猪肉	牛肉	羊肉	鸡肉	鱼	鸡蛋	植物油
五氯硝基苯	0.089	0.160	0.149	0.104	0.040	0.114	0.270
δ-六六六	0.284	0.169	0.045	0.092	0.038	0.161	0.179
五氯苯胺	0.248	0.153	0.055	0.141	0.139	0.291	0.250
七氯	0.125	0.192	0.079	0.134	0.027	0.053	0.247
五氯苯基硫醚	0.083	0.089	0.078	0.050	0.131	0.082	0.151
艾氏剂	0.148	0.095	0.090	0.034	0.138	0.087	0.159
氧氯丹	0.078	0.062	0.256	0.181	0.187	0.126	0.253
环氧七氯	0.058	0.034	0.166	0.042	0.132	0.089	0.088
反式氯丹	0.071	0.044	0.051	0.087	0.048	0.094	0.307
α-硫丹	0.088	0.027	0.154	0.140	0.060	0.191	0.382
顺式氯丹	0.055	0.039	0.029	0.088	0.040	0.066	0.240
p,p'-滴滴伊	0.136	0.183	0.070	0.046	0.126	0.174	0.345
狄氏剂	0.033	0.025	0.024	0.015	0.050	0.101	0.137
异狄氏剂	0.155	0.185	0.131	0.324	0.101	0.481	0.481
β-硫丹	0.030	0.042	0.200	0.066	0.063	0.080	0.246
p,p'-滴滴滴	0.032	0.165	0.378	0.230	0.211	0.151	0.465
o,p'-滴滴涕	0.029	0.147	0.335	0.138	0.156	0.048	0.412
异狄氏剂醛	0.072	0.051	0.088	0.069	0.078	0.072	0.358
硫丹硫酸盐	0.140	0.183	0.153	0.293	0.200	0.267	0.260
p,p'-滴滴涕	0.138	0.086	0.119	0.168	0.198	0.461	0.481
异狄氏剂酮	0.038	0.061	0.036	0.054	0.041	0.222	0.239
灭蚁灵	0.133	0.145	0.153	0.175	0.167	0.276	0.127

七、说明及注意事项

（1）分析液体样品中有机氯农药，采样时应用玻璃瓶，不能用塑料瓶，因塑料瓶对有机氯农药测定有严重影响。

（2）样品制备时最终浓度要适当。如果样品的浓度太高或者太低，应采用适当的稀释或者浓缩手段，以使测定的浓度在标准曲线范围内。

（3）苯有毒，使用时必须小心谨慎。

（4）在分析时应防止样品净化不完全及载气不纯等带来的污染，使本方法检测灵敏度下降。

（5）电子捕获检测器有放射源，故检测器的出口一定要接到室外，且每6个月应测试一次有无放射性泄漏。

（6）电子捕获检测器的操作温度一般为250～300 ℃，无论柱温多么低，检测器的温度均应不低于 250 ℃,否则检测器很难达到平衡状态。

八、思考题

(1) 在样品处理过程中加入氯化钠的作用是什么?

(2) 电子捕获检测器的原理及适用范围是什么?

(3) 毛细管柱气相色谱-电子捕获检测器法测定有机氯农药残留的优缺点有哪些?

实验五　食品中镉的测定(石墨炉原子吸收光谱法)*

一、实验目的

(1) 掌握石墨炉原子吸收光谱法测定食品中镉的原理和方法。

(2) 学会分析影响测定精密度和准确度的因素。

二、实验原理

试样经灰化或酸消解后,注入一定量样品消化液于原子吸收分光光度计石墨炉中,电热原子化后吸收 228.8 nm 共振线,在一定浓度范围内,其吸光度值与镉含量成正比,采用标准曲线法定量。

三、适用范围

本方法适用于各类食品中镉的测定。

四、实验试剂、主要仪器设备、实验原料

1. 实验试剂

除非另有说明,本方法中所用试剂均为分析纯,水为 GB/T 6682 规定的二级水。

(1) 硝酸溶液(1%):取 10.0 mL 硝酸(优级纯),加入 100 mL 水中,稀释至 1000 mL。

(2) 盐酸(1+1):取 50 mL 浓盐酸(优级纯),慢慢加入 50 mL 水中。

(3) 硝酸-高氯酸混合溶液(9+1),取 9 份硝酸(优级纯)与 1 份高氯酸(优级纯),混合。

(4) 磷酸二氢铵溶液(10 g/L):称取 10.0 g 磷酸二氢铵,用 100 mL 硝酸溶液(1%)溶解后,定量移入 1000 mL 容量瓶,用硝酸溶液(1%)定容。

(5) 镉标准贮备液(1000 mg/L):准确称取 1 g 金属镉标准品(纯度为 99.99%,精确至 0.0001 g),置于小烧杯中,分次加 20 mL 盐酸(1+1)溶解,加 2 滴硝酸,移入 1000 mL 容量瓶中,用水定容,混匀;或购买经国家认证并授予标准物质证书的标准物质。

(6) 镉标准使用液(100 ng/L):吸取 10.0 mL 镉标准贮备液,置于 100 mL 容量瓶中,用硝酸溶液(1%)定容,如此多次稀释,得到每毫升含 100.0 ng 镉的标准使用液。

(7) 镉标准曲线工作液:准确吸取镉标准使用液 0 mL、0.50 mL、1.0 mL、1.5 mL、2.0 mL、3.0 mL,置于 100 mL 容量瓶中,用硝酸溶液(1%)定容,即得到含镉量分别为 0 ng/mL、0.50 ng/mL、1.0 ng/mL、1.5 ng/mL、2.0 ng/mL、3.0 ng/mL 的标准系列溶液。

(8) 过氧化氢溶液(30%)。

---

* 本实验参考 GB 5009.15—2014。

2. 主要仪器设备

(1) 原子吸收分光光度计:附石墨炉。

(2) 镉空心阴极灯。

(3) 电子天平:感量为 0.1 mg 和 1 mg。

(4) 可调温式电热板、可调温式电炉。

(5) 马弗炉。

(6) 恒温干燥箱。

(7) 压力消解器、压力消解罐。

(8) 微波消解系统:配聚四氟乙烯或其他合适的压力罐。

3. 实验原料

谷物、蔬菜、坚果、水果、肉类、水产品、蛋类或乳制品等。

五、操作方法

1. 试样预处理

(1) 干试样:粮食,豆类,去除杂质;坚果类,去杂质、去壳;磨碎成均匀的样品,过 0.425 mm 筛(相当于 40 目)。贮于洁净的塑料瓶中,并标明标记,于室温下或按样品保存条件保存备用。

(2) 鲜(湿)试样:蔬菜、水果、肉类、鱼类及蛋类等,用食品加工机打成匀浆或碾磨成匀浆,贮于洁净的塑料瓶中,并标明标记,于 -16~-18 ℃冰箱中保存备用。

(3) 液体试样:按样品保存条件保存备用。含气样品使用前应除气。

2. 试样消解

可根据实验室条件选用以下任何一种方法消解,称量时应保证样品的均匀性。

(1) 压力消解罐消解法:称取干试样 0.3~0.5 g(精确至 0.0001 g)、鲜(湿)试样 1~2 g(精确到 0.001 g),置于聚四氟乙烯内罐,加 5 mL 硝酸浸泡过夜。再加过氧化氢溶液(30%)2~3 mL(总量不能超过罐容积的 1/3)。盖好内盖,旋紧不锈钢外套,放入恒温干燥箱,120~160 ℃保持 4~6 h,在箱内自然冷却至室温,打开后加热赶酸至近干,将消化液洗入 10 mL 或 25 mL容量瓶中,用少量硝酸溶液(1%)洗涤内罐和内盖三次,将洗液合并于容量瓶中并用硝酸溶液(1%)定容,混匀备用;同时做试剂空白实验。

(2) 微波消解:称取干试样 0.3~0.5 g(精确至 0.0001 g)、鲜(湿)试样 1~2 g(精确到 0.001 g),置于微波消解罐中,加 5 mL 硝酸和 2 mL 过氧化氢溶液(30%)。微波消化程序可以根据仪器型号调至最佳条件。消解完毕,待消解罐冷却后打开,消化液呈无色或淡黄色,加热赶酸至近干,用少量硝酸溶液(1%)冲洗消解罐三次,将溶液转移至 10 mL 或 25 mL 容量瓶中,并用硝酸溶液(1%)定容,混匀备用;同时做试剂空白实验。

(3) 湿式消解法:称取干试样 0.3~0.5 g(精确至 0.0001 g)、鲜(湿)试样 1~2 g(精确到 0.001 g),置于锥形瓶中,放数粒玻璃珠,加 10 mL 硝酸-高氯酸混合溶液(9+1),加盖浸泡过夜,加一小漏斗在电热板上消化,若变棕黑色,再加硝酸,直至冒白烟,消化液呈无色透明或略带微黄色,放冷后将消化液洗入 10~25 mL 容量瓶中,用少量硝酸溶液(1%)洗涤锥形瓶三次,将洗液合并于容量瓶中并用硝酸溶液(1%)定容,混匀备用;同时做试剂空白实验。

(4) 干法灰化:称取干试样 0.3~0.5 g(精确至 0.0001 g)、鲜(湿)试样 1~2 g(精确到 0.001 g)、液体试样 1~2 g(精确到 0.001 g),置于瓷坩埚中,先小火在可调式电炉上炭化至无烟,移入马弗炉 500 ℃ 灰化 6~8 h,冷却。若个别试样灰化不彻底,加 1 mL 混合酸在可调式电炉上小火加热,将混合酸蒸干后,再转入马弗炉中 500 ℃ 继续灰化 1~2 h,直至试样消化完全,呈灰白色或浅灰色。放冷,用硝酸溶液(1%)将灰分溶解,将试样消化液移入 10 mL 或 25 mL容量瓶中,用少量硝酸溶液(1%)洗涤瓷坩埚三次,将洗液合并于容量瓶中并用硝酸溶液(1%)定容,混匀备用;同时做试剂空白实验。

　　3. 仪器参考条件

　　根据所用仪器型号将仪器调至最佳状态。原子吸收分光光度计(附石墨炉及镉空心阴极灯)测定参考条件如下:波长 228.8 nm,狭缝 0.2~1.0 nm,灯电流 2~10 mA,干燥温度 105 ℃,干燥时间 20 s;灰化温度 400~700 ℃,灰化时间 20~40 s;原子化温度 1300~2300 ℃,原子化时间 3~5 s;背景校正为氘灯或塞曼效应。

　　4. 标准曲线的制作

　　将标准曲线工作液按浓度由低到高的顺序分别取 20 μL 注入石墨炉,测其吸光度值,以标准曲线工作液的浓度为横坐标,相应的吸光度值为纵坐标,绘制标准曲线,并求出反映吸光度与浓度关系的一元线性回归方程。

　　制作标准曲线时,应选择不少于 5 个浓度的镉标准溶液,相关系数应不小于 0.995。如果有自动进样装置,也可用程序稀释来配制标准系列溶液。

　　5. 试样溶液的测定

　　在测定标准曲线工作液相同的实验条件下,吸取样品消化液 20 μL(可根据使用仪器选择最佳进样量),注入石墨炉,测其吸光度值。代入标准系列的一元线性回归方程中求样品消化液中镉的含量,平行测定不少于两次。若测定结果超出标准曲线范围,用硝酸溶液(1%)稀释后再行测定。

　　6. 基体改进剂的使用

　　对有干扰的试样,将 5 μL 基体改进剂磷酸二氢铵溶液(10 g/L)和样品消化液一起注入石墨炉,绘制标准曲线时也要加入与试样测定时等量的基体改进剂。

六、计算

$$X=\frac{(c_1-c_0)\times V}{m\times 1000} \tag{7-6}$$

式中:X——试样中镉含量,mg/kg(或 mg/L);

　　　c_1——试样消化液中镉含量,ng/mL;

　　　c_0——空白液中镉含量,ng/mL;

　　　V——试样消化液定容总体积,mL;

　　　m——试样质量(或体积),g(或 mL);

　　　1000——换算系数。

　　计算结果以重复性条件下获得的两次独立测定结果的算术平均值表示,结果保留两位有效数字。

　　精密度:在重复性条件下获得的两次独立测定结果的绝对差值不得超过算术平均值的 20%。

七、说明及注意事项

　　(1) 所用玻璃仪器均需以硝酸溶液(1+4)浸泡 24 h 以上,用水反复冲洗,最后用去离子水冲洗干净。

（2）注意强酸和强氧化剂的使用安全，防止烧伤和氧化皮肤。实验要在通风良好的通风橱内进行。

（3）含油脂成分较高的食品，如植物油、桃酥等，在加入混合酸后，由于样品浮在混酸表面上，容易形成完整的膜，加热时液面上有剧烈的反应，容易造成暴沸或飞溅。应尽量避免用湿式消解法消化，最好采用干法消化，如果必须采用湿式消解法消化，样品的取样量不能超过1 g。

（4）采用石墨炉原子吸收光谱法测定时，需要通过赶酸降低样品溶液中残留的酸浓度，尽量控制在 1% 以下，酸度过高易造成石墨管断裂。

（5）注意石墨炉原子吸收分光光度计的操作规程和气体的开关。

（6）此方法检出限为 0.001 mg/kg，定量限为 0.003 mg/kg。

八、思考题

（1）为什么所用玻璃仪器均需以硝酸溶液清洗？

（2）常用的基体改进剂有哪些？使用基体改进剂的目的是什么？

（3）石墨炉原子吸收光谱法测定镉的原理是什么？影响其准确度和精密度的因素有哪些？

实验六　食品中铅的测定
Ⅰ　石墨炉原子吸收光谱法[*]

一、实验目的

（1）掌握石墨炉原子吸收光谱法测定食品中铅的原理和方法。

（2）学会分析影响测定精密度和准确度的因素。

二、实验原理

试样消解处理后，经石墨炉原子化，在 283.3 nm 波长处测定吸光度。在一定浓度范围内铅的吸光度与铅含量成正比，与标准系列比较定量。

三、适用范围

本方法适用于各类食品中铅含量的测定。

四、实验试剂、主要仪器设备、实验原料

1. 实验试剂

除非另有说明，本方法中所用试剂均为优级纯，水为 GB/T 6682 规定的二级水。

（1）高氯酸。

（2）硝酸溶液（5+95）：量取 50 mL 硝酸，缓慢加入 950 mL 水中，混匀。

（3）硝酸溶液（1+9）：量取 50 mL 硝酸，缓慢加入 450 mL 水中，混匀。

---

[*] 参考 GB 5009.12—2017 第一法。

（4）磷酸二氢铵-硝酸钯溶液：称取 0.02 g 硝酸钯，加少量硝酸溶液（1＋9）溶解后，再加入 2 g 磷酸二氢铵，溶解后用硝酸溶液（5＋95）定容至 100 mL，混匀。

（5）硝酸铅标准品（Pb(NO$_3$)$_2$，CAS 号：10099-74-8）：纯度＞99.99％。或经国家认证并授予标准物质证书的一定浓度的铅标准溶液。

（6）铅标准贮备液（1000 mg/L）：准确称取 1.5985 g（精确至 0.0001 g）硝酸铅，用少量硝酸溶液（1＋9）溶解，移入 1000 mL 容量瓶，加水至刻度，混匀。

（7）铅标准中间液（1.00 mg/L）：准确吸取 1.00 mL 铅标准贮备液（1000 mg/L），置于 1000 mL 容量瓶中，加硝酸溶液（5＋95）至刻度，混匀。

（8）铅标准系列溶液：分别吸取铅标准中间液（1.00 mg/L）0 mL、0.50 mL、1.00 mL、2.00 mL、3.00 mL 和 4.00 mL，置于 100 mL 容量瓶中，加硝酸溶液（5＋95）至刻度，混匀。此铅标准系列溶液的质量浓度分别为 0 μg/L、5.0 μg/L、10.0 μg/L、20.0 μg/L、30.0 μg/L 和 40.0 μg/L。

注：可根据仪器的灵敏度及样品中铅的实际含量确定标准系列溶液中铅的质量浓度。

2．主要仪器设备

（1）原子吸收分光光度计：配石墨炉原子化器，附铅空心阴极灯。

（2）分析天平：感量为 0.1 mg 和 1 mg。

（3）可调式电热炉。

（4）可调式电热板。

（5）微波消解系统：配聚四氟乙烯消解内罐。

（6）恒温干燥箱。

（7）压力消解罐：配聚四氟乙烯消解内罐。

3．实验原料

粮食、豆类、蔬菜、水果、鱼类、肉类、饮料、酒、醋、酱油、食用植物油或液态乳等。

五、操作方法

1．试样预处理

（1）粮食、豆类样品：样品去除杂物后，粉碎，贮于塑料瓶中。

（2）蔬菜、水果、鱼类、肉类等样品：样品用水洗净，晾干，取可食部分，制成匀浆，贮于塑料瓶中。

（3）饮料、酒、醋、酱油、食用植物油、液态乳等液体样品：将样品摇匀。

2．试样消解

（1）湿法消解：称取固体试样 0.2～3 g（精确至 0.001 g）或准确移取液体试样 0.50～5.00 mL，置于带刻度消化管中，加入 10 mL 硝酸和 0.5 mL 高氯酸，在可调式电热炉上消解（参考条件：120 ℃，0.5～1 h；180 ℃，2～4 h；升至 200～220 ℃）。若消化液呈棕褐色，再加少量硝酸，消解至冒白烟，消化液呈无色透明状或略带黄色，取出消化管，冷却后用水定容至 10 mL，混匀备用。同时做试剂空白实验。亦可采用锥形瓶，于可调式电热板上按上述操作方法进行湿法消解。

（2）微波消解：称取固体试样 0.2～0.8 g（精确至 0.001 g）或准确移取液体试样 0.50～3.00 mL，置于微波消解罐中，加入 5 mL 硝酸，按照微波消解的操作步骤消解试样，消解条件参考表 7-3。冷却后取出消解罐，在电热板上于 140～160 ℃ 赶酸至 1 mL 左右。消解罐放冷后,将消化液转移至 10 mL 容量瓶中,用少量水洗涤消解罐 2~3 次,合并洗涤液于容量瓶中并用水定容,混匀备用。同时做试剂空白实验。

表 7-3　微波消解升温程序

步骤	设定温度/ ℃	升温时间/min	恒温时间/min
1	120	5	5
2	160	5	10
3	180	5	10

(3) 压力罐消解:称取固体试样 0.2~1 g(精确至 0.001 g)或准确移取液体试样 0.50~5.00 mL,置于消解内罐中,加入 5 mL 硝酸。盖好内盖,旋紧不锈钢外套,放入恒温干燥箱,于 140~160 ℃下保持 4~5 h。冷却后缓慢旋松外套,取出消解内套,放在可调式电热板上于 140~160 ℃ 赶酸至 1 mL 左右。冷却后将消化液转移至 10 mL 容量瓶中,用少量水洗涤内罐和内盖 2~3 次,合并洗涤液于容量瓶中并用水定容,混匀备用。同时做试剂空白实验。

3. 仪器参考条件

根据各自仪器性能调至最佳状态。石墨炉原子吸收光谱法仪器参考条件如下:

(1) 波长:283.3 nm。

(2) 狭缝:0.5 nm。

(3) 灯电流:8~12 mA。

(4) 干燥:85~120 ℃,40~50 s。

(5) 灰化:750 ℃,20~30 s。

(6) 原子化:2300 ℃,4~5 s。

4. 标准曲线的制作

按质量浓度由低到高的顺序分别将 10 μL 铅标准系列溶液和 5 μL 磷酸二氢铵-硝酸钯溶液(可根据所使用的仪器确定最佳进样量)同时注入石墨炉,原子化后测其吸光度,以质量浓度为横坐标,吸光度为纵坐标,制作标准曲线。

5. 试样溶液的测定

在与测定标准溶液相同的实验条件下,将 10 μL 空白溶液或试样溶液与 5 μL 磷酸二氢铵-硝酸钯溶液(可根据所使用的仪器确定最佳进样量)同时注入石墨炉,原子化后测其吸光度,与标准系列比较定量。

六、计算

$$X = \frac{(\rho - \rho_0) \times V}{m \times 1000} \tag{7-7}$$

式中:X——试样中铅的含量,mg/kg(或 mg/L);

　　　ρ——试样溶液中铅的质量浓度,μg/L;

　　　ρ_0——空白溶液中铅的质量浓度,μg/L;

　　　V——试样消化液的定容总体积,mL;

　　　m——试样称样量(或移取体积),g(或 mL);

　　　1000——换算系数。

当铅含量≥1.00 mg/kg(或 mg/L)时,计算结果保留三位有效数字;当铅含量<1.00 mg/kg(或 mg/L)时,计算结果保留两位有效数字。

精密度:在重复性条件下获得的两次独立测定结果的绝对差值不得超过算术平均值的20%。

七、说明及注意事项

(1) 所有玻璃器皿及聚四氟乙烯消解内罐均需用硝酸溶液(1+5)浸泡过夜,用自来水反复冲洗,最后用水冲洗干净。

(2) 铅为易污染元素,环境、器具、试剂、人员等都可能带来污染。因此,在采样和试样制备过程中,应去除杂物及非可食部分,避免试样污染,同时需做好系统空白的监控。

(3) 注意硝酸和高氯酸的使用,防止烧伤和氧化皮肤。实验要在通风良好的通风橱内进行。

(4) 采用石墨炉原子吸收光谱法测定时,需要通过赶酸降低样品溶液中残留的酸浓度,尽量将其控制在1%以下,酸度过高易造成石墨管断裂。

(5) 注意石墨炉原子吸收分光光度计的操作规程和气体的开关。

(6) 当称样量为 0.5 g(或 0.5 mL),定容体积为 10 mL 时,方法的检出限为 0.02 mg/kg(或 0.02 mg/L),定量限为 0.04 mg/kg(或 0.04 mg/L)。

八、思考题

(1) 石墨炉原子吸收光谱法测定铅的原理是什么?

(2) 石墨炉原子吸收光谱法测定铅的操作过程中,影响实验准确度的因素有哪些?如何避免?

Ⅱ　火焰原子吸收光谱法[*]

一、实验目的

(1) 掌握火焰原子吸收光谱法测定食品中铅的原理和方法。

(2) 学会分析影响测定精密度和准确度的因素。

二、实验原理

试样经处理后,铅离子在一定酸碱度条件下与二乙基二硫代氨基甲酸钠(DDTC)形成配合物,经 4-甲基-2-戊酮(MIBK)萃取分离,导入原子吸收分光光度计中,经火焰原子化,在 283.3 nm 波长处测定吸光度。在一定浓度范围内铅的吸光度与铅含量成正比,与标准系列比较定量。

三、适用范围

本方法适用于各类食品中铅含量的测定。

---

[*]　参考 GB 5009.12—2017 第三法。

四、实验试剂、主要仪器设备、实验原料

1. 实验试剂

除非另有说明,本方法中所用试剂均为分析纯,水为 GB/T 6682 规定的二级水。

(1) 高氯酸:优级纯。

(2) 4-甲基-2-戊酮(MIBK)。

(3) 硝酸溶液(5+95):量取 50 mL 硝酸(优级纯),缓慢加入 950 mL 水中,混匀。

(4) 硝酸溶液(1+9):量取 50 mL 硝酸(优级纯),缓慢加入 450 mL 水中,混匀。

(5) 硫酸铵溶液(300 g/L):称取 30 g 硫酸铵,用水溶解并稀释至 100 mL,混匀。

(6) 柠檬酸铵溶液(250 g/L):称取 25 g 柠檬酸铵,用水溶解并稀释至 100 mL,混匀。

(7) 溴百里酚蓝水溶液(1 g/L):称取 0.1 g 溴百里酚蓝,用水溶解并稀释至 100 mL,混匀。

(8) DDTC 溶液(50 g/L):称取 5 g DDTC,用水溶解并稀释至 100 mL,混匀。

(9) 氨水(1+1):吸取 100 mL 浓氨水(优级纯),加入 100 mL 水,混匀。

(10) 盐酸(1+11):吸取 10 mL 浓盐酸(优级纯),加入 110 mL 水,混匀。

(11) 硝酸铅标准品($Pb(NO_3)_2$,CAS 号:10099-74-8):纯度>99.99%。或经国家认证并授予标准物质证书的一定浓度的铅标准溶液。

(12) 铅标准贮备液(1000 mg/L):准确称取 1.5985 g(精确至 0.0001 g)硝酸铅,用少量硝酸溶液(1+9)溶解,移入 1000 mL 容量瓶,加水至刻度,混匀。

(13) 铅标准使用液(10.0 mg/L):准确吸取 1.00 mL 铅标准贮备液(1000 mg/L),置于 100 mL 容量瓶中,加硝酸溶液(5+95)至刻度,混匀。

2. 主要仪器设备

(1) 原子吸收分光光度计:配火焰原子化器,附铅空心阴极灯。

(2) 分析天平:感量为 0.1 mg 和 1 mg。

(3) 可调式电热炉。

(4) 可调式电热板。

3. 实验原料

粮食、豆类、蔬菜、水果、鱼类、肉类、饮料、酒、醋、酱油、食用植物油或液态乳等。

五、操作方法

1. 试样预处理

(1) 粮食、豆类样品:样品去除杂物后,粉碎,贮于塑料瓶中。

(2) 蔬菜、水果、鱼类、肉类等样品:样品用水洗净,晾干,取可食部分,制成匀浆,贮于塑料瓶中。

(3) 饮料、酒、醋、酱油、食用植物油、液态乳等液体样品:将样品摇匀。

2. 试样消解

湿法消解:称取固体试样 0.2～3 g(精确至 0.001 g)或准确移取液体试样 0.50～5.00 mL,置于带刻度消化管中,加入 10 mL 硝酸和 0.5 mL 高氯酸,在可调式电热炉上消解(参考条件:120 ℃,0.5～1 h;180 ℃,2～4 h;升至 200～220 ℃)。若消化液呈棕褐色,再加少量硝酸,消解

至冒白烟,消化液呈无色透明状或略带黄色,取出消化管,冷却后用水定容至10 mL,混匀备用。同时做试剂空白实验。亦可采用锥形瓶,于可调式电热板上按上述操作方法进行湿法消解。

3. 仪器参考条件

根据各自仪器性能调至最佳状态。火焰原子吸收光谱法仪器参考条件如下:

(1) 波长:283.3 nm;

(2) 狭缝:0.5 nm;

(3) 灯电流:8~12 mA;

(4) 燃烧头高度:6 mm;

(5) 空气流量:8 L/min。

4. 标准曲线的制作

分别吸取铅标准使用液 0 mL、0.25 mL、0.50 mL、1.00 mL、1.50 mL 和 2.00 mL(相当于 0 μg、2.5 μg、5.0 μg、10.0 μg、15.0 μg 和 20.0 μg 铅),置于 125 mL 分液漏斗中,补加水至 60 mL。加 2 mL 柠檬酸铵溶液(250 g/L)、3~5 滴溴百里酚蓝水溶液(1 g/L),用氨水(1+1)调 pH 值至溶液由黄变蓝,加 10 mL 硫酸铵溶液(300 g/L)、10 mL DDTC 溶液(1 g/L),摇匀。放置 5 min 左右,加入 10 mL MIBK,剧烈振摇提取 1 min,静置分层后,弃去水层,将 MIBK 层放入 10 mL 带塞刻度管中,得到标准系列溶液。

将标准系列溶液按质量浓度由低到高的顺序分别导入火焰原子化器,原子化后测其吸光度,以铅的质量为横坐标,吸光度为纵坐标,制作标准曲线。

5. 试样溶液的测定

将试样消化液及试剂空白溶液分别置于 125 mL 分液漏斗中,补加水至 60 mL。加 2 mL 柠檬酸铵溶液(250 g/L)、3~5 滴溴百里酚蓝水溶液(1 g/L),用氨水(1+1)调 pH 值至溶液由黄变蓝,加 10 mL 硫酸铵溶液(300 g/L)、10 mL DDTC 溶液(1 g/L),摇匀。放置 5 min 左右,加入 10 mL MIBK,剧烈振摇提取 1 min,静置分层后,弃去水层,将 MIBK 层放入 10 mL 带塞刻度管中,得到试样溶液和空白溶液。

将试样溶液和空白溶液分别导入火焰原子化器,原子化后测其吸光度,与标准系列比较定量。

六、计算

$$X = \frac{m_1 - m_0}{m_2} \tag{7-8}$$

式中:X——试样中铅的含量,mg/kg(或 mg/L);

　　m_1——试样溶液中铅的质量,μg;

　　m_0——空白溶液中铅的质量,μg;

　　m_2——试样称样量(或移取体积),g(或 mL)。

当铅含量≥10.0 mg/kg(或 mg/L)时,计算结果保留三位有效数字;当铅含量<10.0 mg/kg(或 mg/L)时,计算结果保留两位有效数字。

精密度:在重复性条件下获得的两次独立测定结果的绝对差值不得超过算术平均值的20%。

七、说明及注意事项

（1）所有玻璃器皿均需用硝酸溶液（1＋5）浸泡过夜，用自来水反复冲洗，最后用水冲洗干净。

（2）铅为易污染元素，环境、器具、试剂、人员等都可能带来污染。因此，在采样和试样制备过程中，应去除杂物及非可食部分，避免试样污染，同时需做好系统空白的监控。

（3）注意硝酸和高氯酸的使用，防止烧伤和氧化皮肤。实验要在通风良好的通风橱内进行。

（4）注意火焰原子吸收分光光度计的操作规程和气体的开关。

（5）元素灯能量下降、雾化器故障、燃烧头污染、检测器老化、样品吸收管堵塞、气体燃烧比不佳等，均会影响火焰原子吸收分光光度计的灵敏度。

（6）当称样量为 0.5 g（或 0.5 mL）时，方法的检出限为 0.4 mg/kg（或 0.4 mg/L），定量限为 1.2 mg/kg（或 1.2 mg/L）。

八、思考题

（1）火焰原子吸收光谱法测定铅的原理是什么？

（2）为什么石墨炉原子吸收光谱法的检测灵敏度比火焰原子吸收光谱法高？

实验七　食品中砷的测定（氢化物发生原子荧光光谱法）*

一、实验目的

（1）掌握氢化物发生原子荧光光谱法测定食品中砷的原理和方法。

（2）学会分析影响测定精密度和准确度的因素。

二、实验原理

食品试样经湿法消解或干法灰化处理后，加入硫脲使五价砷预还原为三价砷，再加入硼氢化钠或硼氢化钾使其还原生成砷化氢，由氩气载入石英原子化器中分解为原子态砷，在高强度砷空心阴极灯的发射光激发下产生原子荧光，其荧光强度在固定条件下与被测液中的砷浓度成正比，与标准系列比较定量。

三、适用范围

本方法适用于各类食品中总砷的测定。

四、实验试剂、主要仪器设备、实验原料

1. 实验试剂

除非另有说明，本方法中所用试剂均为优级纯，水为 GB/T 6682 规定的一级水。

（1）高氯酸。

（2）氧化镁：分析纯。

---

* 本实验参考 GB 5009.11—2014 第一篇第二法。

　　(3) 氢氧化钾溶液(5 g/L):称取 5.0 g 氢氧化钾,溶于水并稀释至 1000 mL。

　　(4) 硼氢化钾溶液(20 g/L):称取 20.0 g 硼氢化钾(分析纯),溶于 1000 mL 5 g/L 氢氧化钾溶液中,混匀。

　　(5) 硫脲-抗坏血酸溶液:称取 10.0 g 硫脲(分析纯),加约 80 mL 水,加热溶解,待冷却后加入 10.0 g 抗坏血酸,稀释至 100 mL,现用现配。

　　(6) 氢氧化钠溶液(100 g/L):称取 10.0 g 氢氧化钠,溶于水并稀释至 100 mL。

　　(7) 硝酸镁溶液(150 g/L):称取 15.0 g 硝酸镁(分析纯),溶于水并稀释至 100 mL。

　　(8) 盐酸(1+1):量取 100 mL 浓盐酸,缓缓倒入 100 mL 水中,混匀。

　　(9) 硫酸溶液(1+9):量取 100 mL 浓硫酸,缓缓倒入 900 mL 水中,混匀。

　　(10) 硝酸溶液(2+98):量取 20 mL 硝酸,缓缓倒入 980 mL 水中,混匀。

　　(11) 三氧化二砷标准品:纯度≥99.5%。或购买经国家认证并授予标准物质证书的标准物质溶液。

　　(12) 砷标准贮备液(100 mg/L,按 As 计):准确称取于 100 ℃ 干燥 2 h 的三氧化二砷 0.0132 g,加 1 mL 100 g/L 氢氧化钠溶液和少量水溶解,转入 100 mL 容量瓶中,加入适量盐酸调整其酸碱度近中性,加水稀释至刻度。4 ℃ 避光保存,保存期一年。

　　(13) 砷标准使用液(1.00 mg/L,按 As 计):准确吸取 1.00 mL 砷标准贮备液(100 mg/L),置于 100 mL 容量瓶中,用硝酸溶液(2+98)稀释至刻度。现用现配。

　　2. 主要仪器设备

　　(1) 原子荧光光谱仪。

　　(2) 天平:感量为 0.1 mg 和 1 mg。

　　(3) 组织匀浆器。

　　(4) 高速粉碎机。

　　(5) 控温电热板:50~200 ℃。

　　(6) 马弗炉。

　　3. 实验原料

　　粮食、豆类、蔬菜、水果、鱼类、肉类或蛋类等。

五、操作方法

　　1. 试样预处理

　　(1) 粮食、豆类等样品:去杂物后粉碎均匀,装入洁净的聚乙烯瓶中,密封保存备用。

　　(2) 蔬菜、水果、鱼类、肉类及蛋类等新鲜样品:洗净晾干,取可食部分匀浆,装入洁净的聚乙烯瓶中,密封,于 4 ℃ 冰箱冷藏备用。

　　2. 试样消解

　　(1) 湿法消解:固体试样称取 1.0~2.5 g,液体试样取 5.0~10.0 g(或 mL)(精确至 0.001 g),置于 50~100 mL 锥形瓶中,同时做两份试剂空白。加 20 mL 硝酸、4 mL 高氯酸、1.25 mL 硫酸,放置过夜。次日置于电热板上加热消解。若消解液处理至 1 mL 左右时仍有未分解物质或色泽变深,取下放冷,补加 5~10 mL 硝酸,再消解至 2 mL 左右,如此反复两三次,注意避免炭化。继续加热,消解完后,再持续蒸发至高氯酸的白烟散尽,硫酸的白烟开始冒出。冷却,加 25 mL 水,再蒸发至冒硫酸白烟,冷却,用水将内溶物转入 25 mL 容量瓶或比色管中,加入 2 mL 硫脲-抗坏血酸溶液,补加水至刻度,混匀,放置 30 min,待测。按同一操作方法做空白实验。

（2）干法灰化：固体试样称取 1.0～2.5 g，液体试样取 4.00 g（或 mL）（精确至 0.001 g），置于 50～100 mL 坩埚中，同时做两份试剂空白。加 10 mL 150 g/L 硝酸镁，混匀，低热蒸干，将 1 g 氧化镁覆盖在干渣上，于电炉上炭化至无黑烟，移入 550 ℃ 马弗炉灰化 4 h。取出放冷，小心加入 10 mL 盐酸（1＋1）以中和氧化镁并溶解灰分，转入 25 mL 容量瓶或比色管，向容量瓶或比色管中加入 2 mL 硫脲-抗坏血酸溶液，另用硫酸溶液（1＋9）分次洗涤坩埚，然后合并洗涤液，加至 25 mL，混匀，放置 30 min 待测。按同一操作方法做空白实验。

3. 仪器参考条件

仪器参考条件如下：

（1）负高压：260 V；

（2）砷空心阴极灯电流：50～80 mA；

（3）载气：氩气；

（4）载气流速：500 mL/min；

（5）屏蔽气流速：800 mL/min；

（6）测量方式：荧光强度；

（7）读数方式：峰面积。

4. 标准曲线的制作

取 6 支 25 mL 容量瓶或比色管，依次准确加入 1.00 μg/mL 砷标准使用液 0 mL、0.10 mL、0.25 mL、0.50 mL、1.5 mL 和 3.0 mL（分别相当于砷质量浓度 0 ng/mL、4.0 ng/mL、10 ng/mL、20 ng/mL、60 ng/mL、120 ng/mL），各加 12.5 mL 硫酸溶液（1＋9）、2 mL 硫脲-抗坏血酸溶液，补加水至刻度，混匀，放置 30 min 后测定。

仪器预热稳定后，将试剂空白、标准系列溶液依次引入仪器进行原子荧光强度的测定。以原子荧光强度为纵坐标，砷浓度为横坐标，绘制标准曲线，得到回归方程。

5. 试样溶液的测定

相同条件下，将样品溶液分别引入仪器进行测定。根据回归方程计算出样品中砷元素的浓度。

六、计算

$$X = \frac{(c - c_0) \times V \times 1000}{m \times 1000 \times 1000} \tag{7-9}$$

式中：X——试样中砷的含量，mg/kg（或 mg/L）；

　　c——试样被测液中砷的测定浓度，ng/mL；

　　c_0——试样空白消化液中砷的测定浓度，ng/mL；

　　V——试样消化液总体积，mL；

　　m——试样质量（或体积），g（或 mL）；

　　1000——换算系数。

计算结果保留两位有效数字。

精密度：在重复性条件下获得的两次独立测定结果的绝对差值不得超过算术平均值的 20%。

七、说明及注意事项

(1) 玻璃器皿及聚四氟乙烯消解内罐均需以硝酸溶液(1+4)浸泡 24 h,用水反复冲洗,最后用去离子水冲洗干净。

(2) 三氧化二砷剧毒,使用时必须小心谨慎。

(3) 注意强酸和强氧化剂的使用,防止烧伤和氧化皮肤。实验要在通风良好的通风橱内进行。

(4) 氢化物发生原子荧光光谱法要注意赶酸的控制,一般要求赶酸至近干,赶酸不彻底会影响加入硫脲的氧化还原反应效果,不能充分将五价砷还原成三价砷,影响测定结果。

(5) 可适当调整硼氢化钾(KBH_4)的浓度。在酸性介质中,试样溶液中的砷与 KBH_4 在氢化物发生系统中生成 AsH_3。如果 KBH_4 浓度过低,不利于三价砷转化为 AsH_3 气体;如果 KBH_4 浓度过高,则会产生大量 H_2,减小 AsH_3 的浓度。

(6) 所列仪器测定条件仅供参考。在实际测定中,应根据原子荧光分光光度计的型号和使用说明书选择适合的测定参数。

(7) 当称样量为 1 g,定容体积为 25 mL 时,方法检出限为 0.010 mg/kg,方法定量限为 0.040 mg/kg。

八、思考题

(1) 湿法消解试样时,加入硝酸、高氯酸、硫酸的作用是什么?

(2) 氢化物发生原子荧光光谱法测定食品中总砷的原理是什么?影响其准确度和精密度的因素有哪些?

实验八　食品中汞的测定(原子荧光光谱法)*

一、实验目的

(1) 掌握原子荧光光谱法测定食品中汞的原理和方法。

(2) 学会分析影响测定精密度和准确度的因素。

二、实验原理

试样经酸加热消解后,在酸性介质中,试样中汞被硼氢化钾(KBH_4)或硼氢化钠($NaBH_4$)还原成原子态汞,由载气(氩气)带入原子化器中;在汞空心阴极灯照射下,基态汞原子被激发至高能态,在由高能态回到基态时,发射出特征波长的荧光,其荧光强度与汞含量成正比,采用外标法定量。

三、适用范围

本方法适用于各类食品中总汞的测定。

---

* 本实验参考 GB 5009.17—2021 第一篇第一法。

四、实验试剂、主要仪器设备、实验原料

1. 实验试剂

除非另有说明,本方法中所用试剂均为优级纯,水为 GB/T 6682 规定的一级水。

(1) 过氧化氢溶液(30%)。

(2) 硫酸。

(3) 硝酸溶液(1+9):量取 50 mL 硝酸,缓缓加入 450 mL 水中,混匀。

(4) 硝酸溶液(5+95):量取 50 mL 硝酸,缓缓加入 950 mL 水中,混匀。

(5) 氢氧化钾溶液(5 g/L):称取 5.0 g 氢氧化钾,用水溶解并稀释至 1000 mL,混匀。

(6) 硼氢化钾溶液(5 g/L):称取 5.0 g 硼氢化钾(分析纯),用氢氧化钾溶液(5 g/L)溶解并稀释至 1000 mL,混匀。临用现配。

(7) 重铬酸钾的硝酸溶液(0.5 g/L):称取 0.5 g 重铬酸钾,用硝酸溶液(5+95)溶解并稀释至 1000 mL,混匀。

(8) 氯化汞标准品:纯度≥99%。

(9) 汞标准贮备液(1000 mg/L):准确称取 0.1354 g 氯化汞,用重铬酸钾的硝酸溶液(0.5 g/L)溶解并转移至 100 mL 容量瓶中,稀释并定容,混匀。于 2~8 ℃ 冰箱中避光保存,有效期两年。或经国家认证并授予标准物质证书的汞标准溶液。

(10) 汞标准中间液(10.0 mg/L):准确吸取 1.00 mL 汞标准贮备液(1000 mg/L),置于 100 mL 容量瓶中,用重铬酸钾的硝酸溶液(0.5 g/L)稀释并定容,混匀。于 2~8 ℃冰箱中避光保存,有效期一年。

(11) 汞标准使用液(50.0 μg/L):准确吸取 1.00 mL 汞标准中间液(10.0 mg/L),置于 200 mL容量瓶中,用重铬酸钾的硝酸溶液(0.5 g/L)稀释并定容,混匀。临用现配。

(12) 汞标准系列溶液:分别吸取汞标准使用液(50.0 μg/L)0 mL、0.20 mL、0.50 mL、1.00 mL、1.50 mL、2.00 mL、2.50 mL,置于 50 mL 容量瓶中,用硝酸溶液(1+9)稀释并定容,混匀,相当于汞浓度为 0 μg/L、0.20 μg/L、0.50 μg/L、1.00 μg/L、1.50 μg/L、2.00 μg/L、2.50 μg/L。临用现配。

注:本方法也可用硼氢化钠作为还原剂:称取 3.5 g 硼氢化钠,用氢氧化钠溶液(3.5 g/L)溶解并定容至 1000 mL,混匀。临用现配。

2. 主要仪器设备

(1) 原子荧光光谱仪:配汞空心阴极灯。

(2) 电子天平:感量为 0.01 mg、0.1 mg 和 1 mg。

(3) 微波消解系统。

(4) 压力消解器。

(5) 恒温干燥箱(50~300 ℃)。

(6) 控温电热板(50~200 ℃)。

(7) 超声水浴箱。

(8) 匀浆机。

(9) 高速粉碎机。

3. 实验原料

粮食、豆类、蔬菜、水果、鱼类、肉类、蛋类或乳制品等。

五、操作方法

1. 试样预处理

(1) 粮食、豆类等样品:取可食部分,粉碎均匀,装入洁净的聚乙烯瓶中,密封保存备用。

(2) 蔬菜、水果、鱼类、肉类及蛋类等新鲜样品:洗净晾干,取可食部分,匀浆,装入洁净的聚乙烯瓶中,密封,于2~8 ℃冰箱冷藏备用。

(3) 乳及乳制品:匀浆或均质后装入洁净的聚乙烯瓶中,密封于2~8 ℃冰箱冷藏备用。

2. 试样消解

1) 微波消解法

称取固体试样 0.2~0.5 g(精确到 0.001 g,含水分较多的样品可适当增加取样量至 0.8 g)或液体试样 1.0~3.0 g(精确到 0.001 g),对于植物油等难消解的样品则称取 0.2~0.5 g(精确到 0.001 g),置于消解罐中;加入 5~8 mL 硝酸,加盖放置 1 h,对于难消解的样品再加入0.5~1 mL 过氧化氢溶液,旋紧罐盖,按照微波消解仪的标准操作步骤进行消解(微波消解参考条件见表 7-4)。冷却后取出,缓慢打开罐盖排气,用少量水冲洗内盖,将消解罐放在控温电热板上或超声水浴箱中,80 ℃下加热或超声脱气 3~6 min 赶去棕色气体。取出消解内罐,将消化液转移至 25 mL 容量瓶中,用少量水分三次洗涤内罐,将洗涤液合并于容量瓶中并定容,混匀备用。同时做空白实验。

表 7-4　试样微波消解参考条件

步骤	设定温度/ ℃	升温时间/min	恒温时间/min
1	120	5	5
2	160	5	10
3	190	5	25

2) 压力罐消解法

称取固体试样 0.2~1.0 g(精确到 0.001 g,含水分较多的样品可适当增加取样量至 2 g)或液体试样 1.0~5.0 g(精确到 0.001 g),对于植物油等难消解的样品则称取 0.2~0.5 g(精确到 0.001 g),置于消解内罐中;加入 5 mL 硝酸,放置 1 h 或过夜,盖好内盖,旋紧不锈钢外套,放入恒温干燥箱,140~160 ℃下保持 4~5 h,在箱内自然冷却至室温,缓慢旋松不锈钢外套,将消解内罐取出,用少量水冲洗内盖,将消解罐放在控温电热板上或超声水浴箱中,80 ℃下加热或超声脱气 3~6 min 以赶去棕色气体。取出消解内罐,将消化液转移至 25 mL 容量瓶中,用少量水分三次洗涤内罐,将洗涤液合并于容量瓶中并定容,混匀备用。同时做空白实验。

3) 回流消化法

(1) 不同试样消化前的准备。

① 粮食:称取 1.0~4.0 g(精确到 0.001 g)试样,置于消化装置锥形瓶中,加数粒玻璃珠,加 45 mL 硝酸、10 mL 硫酸,转动锥形瓶防止局部炭化。

② 植物油及动物油脂:称取 1.0~3.0 g(精确到 0.001 g)试样,置于消化装置锥形瓶中,加数粒玻璃珠,加入 7 mL 硫酸,小心混匀至溶液颜色变为棕色,然后加 40 mL 硝酸。

③ 薯类、豆制品:称取 1.0~4.0 g(精确到 0.001 g)试样,置于消化装置锥形瓶中,加数粒玻璃珠及 30 mL 硝酸、5 mL 硫酸,转动锥形瓶防止局部炭化。

④ 肉、蛋类：称取 0.5～2.0 g（精确到 0.001 g）试样，置于消化装置锥形瓶中，加数粒玻璃珠及 30 mL 硝酸、5 mL 硫酸，转动锥形瓶防止局部炭化。

⑤ 乳及乳制品：称取 1.0～4.0 g（精确到 0.001 g）试样，置于消化装置锥形瓶中，加数粒玻璃珠及 30 mL 硝酸，乳加 10 mL 硫酸，乳制品加 5 mL 硫酸，转动锥形瓶防止局部炭化。

（2）试样消化。

装上冷凝管后，低温加热，待开始发泡即停止加热，发泡停止后，加热回流 2 h。如加热过程中溶液变棕色，再加 5 mL 硝酸，继续回流 2 h，消解到样品完全溶解，一般呈淡黄色或无色，待冷却后从冷凝管上端小心加入 20 mL 水，继续加热回流 10 min，放置冷却后，用适量水冲洗冷凝管，冲洗液并入消化液中，将消化液经玻璃棉过滤于 100 mL 容量瓶内，用少量水洗涤锥形瓶、滤器，洗涤液并入容量瓶内，加水至刻度，混匀备用。同时做空白实验。

3. 仪器参考条件

根据各自仪器性能调至最佳状态。仪器参考条件如下：

（1）光电倍增管负高压：240 V；

（2）汞空心阴极灯电流：30 mA；

（3）原子化器温度：200 ℃；

（4）载气流速：500 mL/min；

（5）屏蔽气流速：1000 mL/min。

4. 标准曲线的制作

设定好仪器最佳条件，连续用硝酸溶液（1＋9）进样；待读数稳定之后，转入标准系列溶液测量，按浓度由低到高的顺序测定标准溶液的荧光强度；以汞的质量浓度为横坐标，荧光强度为纵坐标，绘制标准曲线。

5. 试样溶液的测定

转入试样测量，先用硝酸溶液（1＋9）进样，使读数基本回零，再分别测定处理好的试样空白液和试样溶液。

六、计算

$$X = \frac{(\rho - \rho_0) \times V \times 1000}{m \times 1000 \times 1000} \tag{7-10}$$

式中：X——试样中汞的含量，mg/kg；

　　　ρ——试样溶液中汞的含量，μg/L；

　　　ρ_0——试样空白液中汞的含量，μg/L；

　　　V——试样消化液定容总体积，mL；

　　　m——试样称样量，g；

　　　1000——换算系数。

当汞含量≥1.00 mg/kg 时，计算结果保留三位有效数字；当汞含量＜1.00 mg/kg 时，计算结果保留两位有效数字。

精密度：当样品中汞含量＞1 mg/kg 时，在重复性条件下获得的两次独立测定结果的绝对差值不得超过算术平均值的 10%；当 1 mg/kg≥样品中汞含量＞0.1 mg/kg 时，在重复性条件下获得的两次独立测定结果的绝对差值不得超过算术平均值的 15%；当样品中汞含量≤0.1 mg/kg 时，在重复性条件下获得的两次独立测定结果的绝对差值不得超过算术平均值的 20%。

七、说明及注意事项

（1）在样品的前处理过程中，温度不宜过高，否则汞会挥发一部分造成损失。

（2）汞元素记忆效应很强，需注意容器、仪器的污染问题。玻璃器皿及聚四氟乙烯消解内罐均需以硝酸溶液（1+4）浸泡 24 h，用水反复冲洗，最后用去离子水冲洗干净。

（3）一般盐酸、硝酸中存有较高含量的汞，特别是盐酸中。建议采用优级纯硝酸，但仍需在使用前检查试剂空白。

（4）注意强酸和过氧化氢溶液的使用，防止烧伤和氧化皮肤。实验要在通风良好的通风橱内进行。

（5）测试时使用的 KBH_4 溶液最好现用现配，如果放置时间稍长，其还原能力下降，会导致灵敏度下降。

（6）可根据仪器的灵敏度及样品中汞的实际含量微调标准系列溶液中汞的质量浓度范围。

（7）当称样量为 0.5 g，定容体积为 25 mL 时，方法检出限为 0.003 mg/kg，方法定量限为 0.01 mg/kg。

八、思考题

（1）原子荧光光谱法测定食品中汞的原理是什么？

（2）原子荧光光谱法还适合检测食品中的哪些重金属？

实验九　白酒中甲醇及杂醇油的测定（气相色谱法)[*]

一、实验目的

（1）掌握气相色谱法测定白酒中甲醇及杂醇油的方法。

（2）熟练掌握气相色谱仪的使用方法。

（3）理解造成气相色谱法测定误差的主要原因。

二、实验原理

样品被汽化后，随同载气进入色谱柱，利用被测定的各组分在气液两相中具有不同的分配系数，在柱内形成迁移速度的差异而得到分离。分离后的组分先后流出色谱柱，进入氢火焰离子化检测器，得到气相色谱图。将气相色谱图上各组分峰的保留值与标样对照进行定性；利用峰面积（或峰高），以内标法定量，得到白酒中甲醇及杂醇油的含量。

三、适用范围

本方法适用于白酒中甲醇和杂醇油含量的测定。

---

* 本实验参考 GB 5009.266—2016。

四、实验试剂、主要仪器设备、实验原料

1. 实验试剂

除非另有说明,本方法中所用试剂均为色谱纯,水为 GB/T 6682 规定的二级水。

(1) 乙醇溶液(乙醇的体积分数为 60%):用乙醇(色谱纯,含量不低于 99%)加水配制。

(2) 乙酸正戊酯溶液(17.6 g/L):使用毛细管柱时作内标用。用乙醇溶液将乙酸正戊酯(相对密度为 0.880,含量不低于 99.0%)准确配制成体积分数为 2% 的标样溶液。质量浓度为 17.6 g/L。

(3) 乙酸正丁酯溶液(17.6 g/L):使用填充柱时作内标用。用乙醇溶液将乙酸正丁酯(相对密度为 0.883,含量不低于 99.0%)准确配制成体积分数为 2% 的标样溶液。质量浓度为 17.6 g/L。

(4) 甲醇溶液(15.8 g/L):作标样用。用乙醇溶液将甲醇(相对密度为 0.792,含量不低于 99.0%)准确配制成体积分数为 2% 的标样溶液。质量浓度为 15.8 g/L。

(5) 正丙醇溶液(16.1 g/L):作标样用。用乙醇溶液将正丙醇(相对密度为 0.804,含量不低于 99.0%)准确配制成体积分数为 2% 的标样溶液。质量浓度为 16.1 g/L。

(6) 正丁醇溶液(16.2 g/L):作标样用。用乙醇溶液将正丁醇(相对密度为 0.810,含量不低于 99.0%)准确配制成体积分数为 2% 的标样溶液。质量浓度为 16.2 g/L。

(7) 异丁醇溶液(16.2 g/L):作标样用。用乙醇溶液将异丁醇(相对密度为 0.810,含量不低于 99.0%)准确配制成体积分数为 2% 的标样溶液。质量浓度为 16.2 g/L。

(8) 异戊醇溶液(16.2 g/L):作标样用。用乙醇溶液将异戊醇(相对密度为 0.810,含量不低于 99.0%)准确配制成体积分数为 2% 的标样溶液。质量浓度为 16.2 g/L。

2. 主要仪器设备

(1) 气相色谱仪:带有氢火焰离子化检测器(FID)。

(2) 毛细管柱:PEG 20M 毛细管色谱柱(柱长 35～50 m,内径 0.25 mm,涂层厚度 0.2 μm)或 LZP-930 白酒分析专用柱(柱长 18 m,内径 0.53 mm),或其他具有同等分离效果的毛细管色谱柱。

(3) 填充柱:DNP 填充柱(柱长 2 m,内径 3 mm),或其他具有同等分离效果的填充柱。

(4) 微量注射器:10 μL、1 μL。

3. 实验原料

白酒。

五、操作方法

1. 气相色谱参考条件

(1) 毛细管柱参考条件如下:

① 柱温(TC):起始温度 60 ℃,恒温 3 min,以 3.5 ℃/min 程序升温至 180 ℃,继续恒温 10 min;

② 进样口温度(TJ):220 ℃;

③ 检测器温度(TD):220 ℃;

④ 载气(高纯氮):流速为 0.5～1.0 mL/min,分流比约 37:1,尾吹气 20～30 mL/min;

⑤ 氢气:流速为 40 mL/min;

⑥ 空气：流速为 400 mL/min。

载气、氢气、空气的流速等色谱条件随仪器而异，应通过实验选择最佳操作条件，以内标峰与样品中其他组分峰获得完全分离为准。

（2）填充柱参考条件如下：

① 柱温（TC）：90 ℃，等温；

② 进样口温度（TJ）：150 ℃；

③ 检测器温度（TD）：150 ℃；

④ 载气（高纯氮）：流速为 30 mL/min；

⑤ 氢气：流速为 30 mL/min；

⑥ 空气：流速为 300 mL/min。

载气、氢气、空气的流速等色谱条件随仪器而异，应通过实验选择最佳操作条件，以内标峰与样品中其他组分峰获得完全分离为准。

2. 混合标准溶液的配制

根据待测定样品组分含量情况，准确吸取 0.10 mL 甲醇标准溶液、0.20 mL 正丙醇标准溶液、0.10 mL 正丁醇标准溶液、0.10 mL 异丁醇标准溶液、0.20 mL 异戊醇标准溶液，移入 10 mL 容量瓶中，加入 0.20 mL 内标溶液（乙酸正戊酯或乙酸正丁酯），用 60% 乙醇溶液定容，混匀。

3. 校正因子（f 值）的测定

待色谱仪基线稳定后，用微量注射器进样 1 μL 混合标准溶液，进样量随仪器的灵敏度而定。记录甲醇、正丙醇、正丁醇、异丁醇、异戊醇和内标峰的保留时间及峰面积（或峰高），用其比值计算出甲醇、正丙醇、正丁醇、异丁醇、异戊醇的相对校正因子（f）。

校正因子按下式计算：

$$f = \frac{A_1}{A_2} \times \frac{G_2}{G_1} \qquad\qquad (7\text{-}11)$$

式中：f——各组分的相对校正因子；

　　　A_1——标样 f 值测定时内标的峰面积（或峰高）；

　　　A_2——标样 f 值测定时各组分的峰面积（或峰高）；

　　　G_1——内标物的含量，g/L；

　　　G_2——标样中各组分的含量，g/L。

4. 加内标样品的制备

吸取样品，置于 10 mL 容量瓶中，准确加入 0.20 mL 内标溶液（乙酸正戊酯或乙酸正丁酯），用 60% 乙醇溶液定容，混匀。

5. 样品的测定

用微量注射器进 1 μL 加内标样品，根据标准物质保留时间对甲醇、正丙醇、正丁醇、异丁醇、异戊醇进行定性，并测定甲醇、正丙醇、正丁醇、异丁醇、异戊醇与乙酸正戊酯（或乙酸正丁酯）内标峰面积（或峰高），求出峰面积（或峰高）之比，计算出样品中甲醇、正丙醇、正丁醇、异丁醇、异戊醇的含量。

六、计算

$$X = \frac{A_3}{A_{内}} \times f \times G_{内} \qquad\qquad (7\text{-}12)$$

式中：X——样品中各组分的含量，g/L；

　　f——各组分的相对校正因子；

　　A_3——样品中各组分的峰面积（或峰高）；

　　$A_内$——添加于酒样中内标的峰面积（或峰高）；

　　$G_内$——内标物的质量浓度（添加在酒样中），g/L。

测定结果保留两位有效数字。

精密度：在重复条件下获得的两次独立测定结果的绝对差值不应超过算术平均值的 5%。

七、说明及注意事项

（1）实验中进样量应足够小并保持不变，以避免造成检测器和积分装置饱和。

（2）毛细管色谱柱安装插入的长度要根据仪器的说明书而定，不同的色谱仪汽化室结构不同，所以插进的长度也不同。

八、思考题

（1）本实验用到的是哪种检测器？色谱柱、进样器和检测器的温度分别是多少？

（2）实验用到的气体有哪几种？各自的作用是什么？

（3）在使用内标法定量时，有哪些因素会影响气相色谱仪内标和被测组分的峰高或峰面积的比值？

第八章　食品安全快速检测

食品安全快速检测没有经典的定义,是一种约定俗成的概念。在短时间内,如几分钟、十几分钟,采用不同方式方法检测出被检物质是否处于正常状态,检测得到的结果是否符合标准规定值,被检物质本身是不是有毒有害物质,由此而发生的操作行为称为快速检测。相对于化学仪器分析确证检测技术而言,快速检测技术操作简单、快速灵敏,对仪器设备条件要求不高,易于现场实施。

我国的食品安全快速检测技术有化学比色法、酶联免疫吸附法、胶体金免疫层析法、电化学分析法和便捷仪器检测法等。目前,食品安全快速检测技术存在灵敏度和准确度不高的问题,使其在食品产业中的使用受到限制。因此,提高快速检测技术的准确度与灵敏度已成为研发工作的重要目标。将快速检测技术的简单快速与确证技术的准确可靠相结合,二者互相借鉴,开发更快速、更准确的食品安全检测技术将成为未来的方向。

实验一　果蔬有机磷类和氨基甲酸酯类农药的快速检测（速测卡法）*

一、实验目的

（1）掌握速测卡法快速检测有机磷类和氨基甲酸酯类农药的原理及方法。
（2）熟悉农药残留速测仪的原理及使用方法。
（3）了解食品中农药残留的其他快速检测方法。

二、实验原理

有机磷或氨基甲酸酯类农药对胆碱酯酶有抑制作用,可抑制胆碱酯酶试剂在特定条件下的显色状态,通过目视或仪器来判断样品中是否含有有机磷类或氨基甲酸酯类农药。

三、适用范围

本方法适用于蔬菜、水果中有机磷类和氨基甲酸酯类农药的快速检测。

四、实验试剂、主要仪器设备、实验材料

1. 实验试剂

有机磷类和氨基甲酸酯类农药的快速检测试剂盒:配置包被了胆碱酯酶等试剂的农药速测卡、农药提取(浸提)液。

---

* 本实验参考 GB/T 5009.199—2003。

2. 主要仪器设备

(1) 天平：感量为 0.1 g。

(2) 超声波提取器。

(3) 农药残留速测仪。

3. 实验材料

蔬菜、水果。

五、操作方法

1. 表面测定法（粗筛法）

擦去蔬菜表面泥土，加 2～3 滴浸提液在蔬菜表面，用另一片蔬菜在滴液处轻轻摩擦。取一片速测卡，将蔬菜上的液滴滴在白色药片上。放置 10 min 进行预反应，将速测卡对折（红色药片与白色药片叠合）后，用手捏 3 min，打开后与空白对照实验卡比较。白色药片不变色或略有浅蓝色均为阳性结果，白色药片变为天蓝色或与空白对照卡相同为阴性结果。有条件时，将纸片插入农药残留速测仪自动恒温、定时检测，农药残留速测仪的操作按照仪器使用说明书进行。

2. 整体测定法

选取有代表性的蔬菜样品，擦去表面泥土，剪成 1 cm 左右见方碎片，取 5 g 放入带盖瓶中，加入 10 mL 浸提液（样品与浸提液的比例为 1∶2），振摇 50 次（有条件时，可将提取瓶放入超声波提取器中振荡 30 s），静置 2 min 以上。取一片速测卡，在白色药片上加 2～3 滴提取液，放置 10 min 进行预反应，将速测卡对折（红色药片与白色药片叠合）后，用手捏 3 min，打开后与空白对照卡比较。白色药片不变色或略有浅蓝色均为阳性结果，白色药片变为天蓝色或与空白对照卡相同为阴性结果。有条件时，将纸片插入农药残留速测仪自动恒温、定时观察，农药残留速测仪的操作按照仪器使用说明书进行。

六、结果判断

阳性：白色药片不变色或略有浅蓝色。

阴性：白色药片变为天蓝色或与空白对照卡相同。

七、说明及注意事项

(1) 如检测方法与所购买试剂盒说明的方法有差异，以实际购买产品的使用说明为准，其他未尽事项，请参照产品说明书。

(2) 葱、蒜、萝卜、芹菜、香菜、茭白、蘑菇及番茄汁液中含有对酶有影响的植物次生物质，容易产生假阳性。处理这类样品（包括含叶绿素较高的蔬菜）时，不要剪得太碎。测定番茄时，可将提取液放在茄蒂处浸泡 2 min，取浸泡液测定。测定韭菜或大蒜时，可整根或整粒放入容器中，加入提取液后振摇提取测定。

(3) 检测样品的速测卡预反应放置的时间应与空白对照卡放置的时间尽量一致。红色药片与白色药片叠合反应的时间控制在 3 min，打开观察结果的时间应以 1 min 内为准。

(4) 空白对照卡不变色的原因，一是药片表面提取液加得少，预反应后的药片表面不够湿润，二是提取液（缓冲溶液）的酸碱度有问题（此时可用纯净水作对比确认），三是速测卡已过有效期。

（5）在确定样品为有机磷或氨基甲酸酯类农药阳性结果时，应是重复多次检测的结果，必要时将样品送实验室用气相色谱仪或质谱仪进一步确定是哪种农药、农药含量是多少。

（6）农药速测卡的质量控制：按操作方法与说明及注意事项进行，只加 pH 7.5 磷酸盐浸提液或纯净水的农药速测卡应变为蓝色，0.3 mg/kg 的敌敌畏或敌百虫溶液可使农药速测卡呈阳性反应。

（7）产品贮藏有效期：速测卡闭光常温保存，冷藏可延长有效期。

八、思考题

（1）利用农药速测卡快速检测有机磷农药的基本原理是什么？

（2）简述基于农药速测卡采用表面测定法快速检测蔬菜中有机磷农药的主要步骤。

实验二　食品中黄曲霉毒素 B_1 的快速检测（酶联免疫吸附法）*

一、实验目的

（1）掌握酶联免疫吸附快速检测食品中黄曲霉毒素 B_1 的原理及操作方法。

（2）熟悉酶标仪的检测原理，学会酶标仪的仪器操作。

（3）理解 ELISA 试剂盒在快速筛查食品中黄曲霉毒素 B_1 方面的现实意义。

二、实验原理

试样中的黄曲霉毒素 B_1（$AFTB_1$）用甲醇水溶液提取，经均质、涡旋、离心（过滤）等处理获取上清液。被辣根过氧化物酶标记或固定在反应孔中的 $AFTB_1$ 与试样上清液或标准品中的 $AFTB_1$ 竞争性结合特异性抗体。在洗涤后加入相应显色剂显色，经无机酸终止反应，于 450 nm 或 630 nm 波长下检测。样品中的 $AFTB_1$ 浓度与吸光度在一定浓度范围内成反比。

三、适用范围

本方法适用于谷物及其制品、豆类及其制品、坚果及籽类、油脂及其制品、调味品、婴幼儿配方食品和婴幼儿辅助食品中 $AFTB_1$ 的测定。

四、实验试剂、主要仪器设备、实验原料

1. 实验试剂

除非另有说明，本方法中所用试剂均为分析纯，水为 GB/T6682 规定的二级水。

按照试剂盒说明书所述配制所需溶液。试剂盒一般包含包被抗体的 96 孔板、标准液、酶标物、显色液、终止液、浓缩洗涤液、浓缩样品稀释液，具体试剂盒组成以实际购买试剂盒为准。

2. 主要仪器设备

（1）酶标仪（带有 450 nm 或 630 nm 滤光片）。

（2）研磨机。

（3）振荡器。

---

* 本实验参考 GB 5009.22—2016。

(4) 电子天平:感量为 0.01 g。

(5) 离心机:最高转速 ≥ 6000 r/min。

(6) 快速定量滤纸:孔径 11 μm。

(7) 筛网:孔径 1~2 mm。

(8) 试剂盒所要求的其他仪器。

3. 实验原料

油脂、调味品、谷物、坚果和特殊膳食用食品。

五、操作方法

1. 样品前处理

(1) 液体样品(油脂和调味品):取 100 g 待测样品,摇匀,称取 5.0 g 样品,置于 50 mL 离心管中,加入试剂盒所要求的提取液,按照试纸盒说明书所述方法进行检测。

(2) 固体样品(谷物、坚果和特殊膳食用食品):称取至少 100 g 样品,用研磨机进行粉碎,过 10 目筛(筛网孔径 1~2 mm)。取 5.0 g 样品,置于 50 mL 离心管中,加入试剂盒所要求的提取液,按照试纸盒说明书所述方法进行检测。

2. 样品检测

(1) 试剂盒准备:将所需试剂从 4 ℃冷藏环境中取出,置于室温下平衡 30 min 以上,洗涤液冷藏时可能有结晶,需恢复到室温以充分溶解,每种液体试剂使用前均须摇匀。取出所需数量的微孔板及框架,将不用的微孔板放入自封袋,保存于 2~8 ℃。

(2) 编号:将样本和标准品对应微孔按序编号,每个样本和标准品做 2 孔平行,并记录标准孔和样本孔所在的位置。

(3) 加样反应:按 50 μL/孔加标准品或样本到各自的微孔中,然后加 50 μL/孔的酶标记物,再加入 50 μL/孔的抗体工作液,用盖板膜封板,轻轻振荡 5 s 以混匀,25 ℃反应 30 min。

(4) 洗涤:小心揭开盖板膜,将孔内液体甩干,用工作洗涤液按 250 μL/孔充分洗涤五次,每次间隔 30 s,用吸水纸拍干(拍干后未被清除的气泡可用干净的枪头刺破)。

(5) 显色:每孔加入 50 μL 底物液 A,再加 50 μL 底物液 B,轻轻振荡 5 s 混匀,25 ℃避光显色 15 min(若蓝色过浅,可适当延长反应时间)。

(6) 终止:每孔加入 50 μL 终止液,轻轻振荡混匀,终止反应。

(7) 测吸光度值:用酶标仪于 450 nm 波长处测定每孔吸光度值。测定应在终止反应后 10 min 内完成,按照试剂盒方法绘制标准曲线。

六、计算

$$X = \frac{\rho \times V \times f}{m} \tag{8-1}$$

式中:X——试样中 AFTB$_1$ 的含量,μg/kg;

ρ——待测液中 AFTB$_1$ 的浓度,μg/L;

V——提取液体积(固体样品为加入提取液的体积,液体样品为样品和提取液的总体积),L;

f——在前处理过程中的稀释倍数;

m——试样的称样量,kg。

计算结果保留小数点后两位。

七、说明及注意事项

(1) 如检测方法与购买试剂盒方法有差异,以实际购买产品使用说明为准,其他未尽事项,请参照产品说明书。

(2) 反应终止液为腐蚀性酸,避免接触到皮肤。

(3) 使用之前将所有试剂和所需板条回温至 20～25 ℃,否则会导致吸光度值偏低。每种试剂使用前均需摇匀。

(4) 在洗板过程中如果出现板孔干燥的情况,则会出现标准曲线不呈线性,重复性不好的现象。所以洗板拍干后应立即进行下一步操作。

(5) 不要使用(包括掺杂使用)已过有效期的试剂盒,不要交替使用不同批号试剂盒中的试剂。

(6) 贮存条件:试剂盒保存于 2～8 ℃,不能冷冻,将不用的微孔板重新真空密封。标准物质和无色的显色剂对光敏感,因此要避光保存。

(7) 如显色试剂有任何颜色表明显色剂变质,应当弃之。

(8) 加显色液后,一般显色时间为 15～30 min。若颜色较浅,可延长反应时间。

(9) 试剂盒反应温度过高或过低将导致检测吸光度值和灵敏度发生变化。

八、思考题

(1) $AFTB_1$ 试剂盒主要包括哪些组分?

(2) 简述酶联免疫吸附法测定食品中 $AFTB_1$ 的原理及操作。

(3) 试述直接竞争法和双抗夹心法测抗原的差异性。

实验三　肉中盐酸克伦特罗的快速检测(胶体金免疫层析法)*

一、实验目的

(1) 掌握胶体金免疫层析法检测盐酸克伦特罗的原理及方法。

(2) 熟悉竞争法胶体金检测卡快速检测实验结果的判断。

(3) 了解胶体金法在食品快速检测中的应用。

二、实验原理

本方法采用胶体金竞争抑制法。将氯金酸用枸橼酸钠还原法制成一定直径的金溶胶颗粒,标记抗体。以硝酸纤维素膜为载体,利用微孔膜的毛细作用,将样本滴加在胶体金检测条样品垫一端,使液体慢慢向吸水纸另一端渗移。在样本移动的过程中,会发生相应的抗原抗体反应,并通过免疫金的颜色显示出来。样本中的克伦特罗在流动的过程中与胶体金标记的特异性抗体结合,抑制了抗体和硝酸纤维素(NC)膜检测线上的克伦特罗人工抗原的结合,使检测线不显颜色,结果为阳性;反之,检测线显紫红色,结果为阴性。

---

* 本实验参考 DB34/T 824—2020。

三、适用范围

本方法适用于动物肌肉、肝脏、肾脏中盐酸克伦特罗残留的快速检测。

四、实验试剂、主要仪器设备、实验原料

1. 实验试剂

盐酸克伦特罗测定试剂盒:盐酸克伦特罗速测卡、盐酸克伦特罗标准品对照液。

2. 主要仪器设备

(1) 水浴锅。

(2) 离心机。

(3) 天平:感量为 0.01 g。

(4) 离心管。

(5) 吸管。

3. 实验原料

猪的肌肉、肝脏、肺脏、肾脏组织等。

五、操作方法

1. 样品处理

(1) 取 4 g 剪碎或捣碎的样品(肉泥,去脂肪),置于大离心管中,盖紧管盖。

(2) 将离心管放入水浴锅中加热 10 min(温度 90 ℃以上),或将离心管放入烧杯中,10 min 内更换几次 90 ℃以上的热水,使组织样本析出液体。

(3) 如果析出的液体较清澈,可直接取上清液作为待测样液使用;如果析出的液体较混浊,可用吸管将液体移入小离心管中,静置或离心后取上清液作为待测样液。

2. 样品测定

取出盐酸克伦特罗测试卡,平放于桌面,用测试卡袋中的吸管吸取待测样液,逐滴加 3 滴样液于盐酸克伦特罗测试卡椭圆形孔中,如到 30 s 时在长方形观测窗中无液体移行,可补加 1 滴样液,在 5~10 min 内判断结果。

六、结果判断

阳性:C 线显色,T 线不显色,判为阳性。

阴性:C 线显色,T 线肉眼可见,无论颜色深浅均判为阴性。

无效:C 线不显色,无论 T 线是否显色,该试纸均判为无效。

七、说明及注意事项

(1) 如检测方法与购买试剂盒所述方法有差异,以实际购买产品的使用说明为准,其他未尽事项,请参照产品说明书。

(2) 使用前将试剂盒与试剂恢复到室温,所有试纸启封后 1 h 内使用。

(3) 本试剂盒为一次性产品,勿重复使用。

(4) 本试剂盒为筛选试剂,任何可疑结果请用其他方法作进一步确认。

八、思考题

（1）免疫胶体金速测卡的载体是什么？ 液体流动的动力来源是什么？

（2）免疫胶体金速测卡上加样孔、测试区、质控区中的成分和作用分别是什么？

实验四　乳品中三聚氰胺的快速检测（胶体金免疫层析法）[*]

一、实验目的

（1）掌握胶体金免疫层析法测定乳制品中三聚氰胺的原理及操作方法。

（2）熟悉胶体金免疫层析法快速检测的结果判断。

（3）了解三聚氰胺对身体的毒副作用。

二、实验原理

应用免疫竞争层析的原理，样品中的三聚氰胺在流动的过程中与胶体金标记的特异性单克隆抗体结合，减少或阻止胶体金标记抗体和 NC 膜检测线上的三聚氰胺-BSA 偶联物的结合，使检测线变浅甚至消失，以此来定性检测样品中的三聚氰胺。

三、适用范围

本方法适用于快速筛查奶、奶粉中的三聚氰胺。

四、实验试剂、主要仪器设备、实验原料

1. 实验试剂

三聚氰胺快速检测试剂盒：三聚氰胺速测卡、三聚氰胺对照液。

2. 主要仪器设备

（1）移液器。

（2）离心机。

（3）离心管。

3. 实验原料

原料乳、奶粉。

五、操作方法

1. 样品处理

（1）预包装市售鲜牛奶：不需要处理，直接作为待测液。

（2）原料乳：取 2 mL 样品，用纯净水稀释到 10 mL，混匀，作为待测液。

（3）乳粉：取 1 g 样品，置于试管中，加入 5 mL 纯净水，将试管放入一杯开水中，摇动使样品溶解，离心使其分层，上清液为待测液。

---

* 本实验参考 SN/T 4538.4—2016。

2. 测试步骤

取出三聚氰胺速测卡,置于平台上,用吸管吸取 3~4 滴待测液,加入加样孔中,5~10 min 内判断结果。当环境温度低于 20 ℃时,可以延长 10 min 判断结果。

3. 阳性对照实验

取 1.0 mL 100 mg/L 的三聚氰胺对照液,用已知不含三聚氰胺成分的牛乳稀释至 10.0 mL;从中取出 1.0 mL,再用牛乳稀释至 10.0 mL,得到 1 mg/L 的三聚氰胺对照液,混匀,取 3 滴该对照液加入速测卡加样孔中,5~10 min 内观察,应为阳性结果。未加三聚氰胺对照液的样品应为阴性结果。

六、结果判断

阳性:C 线显色,T 线不显色,判为阳性。

阴性:C 线显色,T 线肉眼可见,无论颜色深浅均判为阴性。

无效:C 线不显色,无论 T 线是否显色,该试纸均判为无效。

七、说明及注意事项

(1) 如检测方法与购买试剂盒所述方法有差异,以实际购买产品的使用说明为准,其他未尽事项,请参照产品说明书。

(2) 使用前将试剂盒与试剂恢复到室温,速测卡启封后 1 h 内使用。

(3) 速测卡为一次性产品,勿重复使用;可疑及阳性结果需用其他方法进一步确认。

(4) 勿用自来水、纯净水或蒸馏水作为阴性对照,最好使用明确阴性的样本做对照。

(5) 保存和稳定性:4~30 ℃阴凉干燥处保存,不可冷冻,避免阳光直晒。

八、思考题

(1) 简述竞争胶体金法与非竞争胶体金法的检测结果判断差异性。如何理解检测卡或检测试纸条中 C 线的意义?

(2) 简述三聚氰胺的其他检测方法及其原理。

实验五　酒中甲醇的快速检测
Ⅰ　酒醇仪法

甲醇和乙醇在色泽与味觉上没有差异,酒中微量甲醇可引起人体慢性损害,高剂量时可引起人体急性中毒,轻者失明,重者丧生。2004 年卫生部在第 5 号公告中指出:"摄入甲醇5~10 mL 可引起中毒,30 mL 可致死。"如果按某一酒样甲醇含量 5%计算,一次饮入 100 mL(约二两酒),即可引起人体急性中毒。我国发生的多次酒类中毒,都是因为饮用了用含有高剂量甲醇的工业酒精配制的酒或是饮用了直接用甲醇配制的酒,其甲醇含量在 2.4~41.1 g/100 mL。

一、实验目的

(1) 掌握利用酒醇仪快速测定酒中甲醇的原理及操作方法。

(2) 熟悉温度对折射率的影响及不同温度测定时的校正方法。

(3) 了解甲醇对人体的毒害作用。

二、实验原理

在 20 ℃时,水的折射率为 1.33299。随着水中乙醇浓度的增加,其折射率有规律地上升。当甲醇存在时,折射率会随着甲醇浓度的增加而降低,折射率下降值与甲醇的含量成正比。按照这一现象而设计制造的酒醇含量速测仪,可快速显示出样品中酒醇的含量。当这一含量与酒精计测定出的酒醇含量出现差异时,其差值即为甲醇的含量。20 ℃时,可直接定量;非20 ℃ 时,采用与样品相当浓度的乙醇对照液进行对比定量。

三、适用范围

本方法适用于酒中甲醇急性中毒剂量的现场快速测定,适用于 80 度以下蒸馏酒或配制酒中甲醇含量超过 1%(0~60 度)或 2%(60~80 度)时的快速测定。

四、实验试剂、主要仪器设备、实验原料

1. 实验试剂
非 20 ℃环境操作时需要乙醇对照液。

2. 主要仪器设备
(1) 酒醇仪。
(2) 酒精计。
(3) 100 mL 量筒。
(4) 温度计。
(5) 滴管。

3. 实验原料
蒸馏酒、配制酒、勾兑酒。

五、操作方法

1. 在环境温度为 20 ℃时的操作方法
(1) 按仪器使用说明操作。
(2) 取 5~7 滴酒样,放在酒醇仪棱镜面上,缓缓合上盖板。读取视场明暗分界线处所示读数,即为乙醇百分含量。重复操作几次,使读数稳定。
(3) 用精确度 1%以上的酒精计测定样品中的酒精度。取 1 个洁净的 100 mL 量筒或透明的管筒,慢慢地将酒样倒入到容器中三分之二处,慢慢地放入酒精计(不得与容器壁和底接触),用手轻按酒精计上方,使其在所测读数上下三个分度内移动,稳定后读取弯月面下酒精度示值。

2. 在环境温度非 20 ℃时的操作方法
(1) 首先用酒精计测试样品的酒精度数后,可以根据酒精温度浓度换算表找到一个在20 ℃时配制成的与其相等的乙醇对照液,用酒精计测试这一对照液是否与样品酒精度数相等或相近(在±1 度以内)。如果两者之差超出±1 度范围,改用临近度数的对照液再测,直至找到一个与样品酒精度数相等或相近(在±1 度以内)的乙醇对照溶液。
(2) 用酒醇仪分别测试样品和选中的对照液的醇含量,如果样品读数低于对照液读数,其差值即为甲醇的百分含量(注意加减先前用酒精计测试对照液时±1 度以内的度数)。

六、计算

$$甲醇含量(\%) = 酒精计测定读数(\%) - 酒醇仪测定读数(\%)$$

七、说明及注意事项

(1) 当样品溶液的酒醇仪读数大于对照溶液的酒醇仪读数时,可判定样品不是蒸馏酒,其甲醇含量可用甲醇速测盒来检测。

(2) 当样品溶液的酒醇仪读数小于对照溶液的酒醇仪读数 2% 以上时,可判定样品中甲醇含量。读数差值较小难以判断时,可用甲醇速测盒来检测。

(3) 新配制的乙醇对照液(尤其是高浓度对照液)化学结构不够稳定,溶液放置一周后可达相对稳定状态。

八、思考题

(1) 简述利用酒醇仪快速测定酒中甲醇的原理。

(2) 利用酒醇仪测定酒中甲醇含量时,温度对结果有何影响? 怎样进行校正?

Ⅱ　速测盒法

一、实验目的

掌握酒中甲醇超标的快速目视比色检测方法的原理及操作方法。

二、实验原理

样品中的甲醇在磷酸溶液中,被高锰酸钾氧化为甲醛,过量的高锰酸钾用偏重亚硫酸钠还原褪色。氧化生成的甲醛在硫酸条件下与变色酸反应生成蓝紫色化合物。通过与试剂和标准色卡进行比对,对样品中甲醇含量进行判定。

三、适用范围

本方法是一种白酒中甲醇超标的快速目视比色检测方法,适用于白酒样品中甲醇含量的检测,可对严重超标的白酒进行现场有效监控。

四、实验试剂、主要仪器设备、实验原料

1. 实验试剂

甲醇速测试剂盒,包含 A 试剂(磷酸溶液)、B 试剂(高锰酸钾溶液)、C 试剂(偏重亚硫酸钠溶液)、D 试剂(硫酸溶液),比色卡。

2. 主要仪器设备

(1) 塑料吸管。

(2) 离心管。

(3) 离心管架。

(4) 酒精计。

3. 实验原料

蒸馏酒、配制酒、勾兑酒。

五、操作方法

（1）将离心管插在离心管速测盒盖上的圆孔中，将酒样滴加到离心管中 0.1 mL 刻度线处，加入 6 滴 A 试剂，静置 5～10 min，加入 5 滴 B 试剂，轻轻摇动使溶液混匀，等溶液完全褪色后，加入 1 滴 C 试剂，然后加入 15 滴 D 试剂，静置，5 min 后 10 min 内与比色卡比对，找出相同或相近的色阶，读取色阶上标示的甲醇含量数值（g/L）。

（2）用酒精计测量样品酒精度数或读取样品标签标示的酒精度数。

六、结果判断

酒中甲醇的限量标准是以 100％酒精计算的。当读取色阶上标示的甲醇含量后，应根据样品酒精度，换算出 100％酒精度时所相当的甲醇含量。比如读取的色阶上标示的甲醇含量约为 0.6 g/L，样品的酒精度为 50％，换算（0.6 g/L÷50％）后此样品的甲醇含量约为 1.2 g/L。国家标准规定：以 100％酒精计，以粮谷为原料的蒸馏酒或配制酒中甲醇含量应不大于 0.6 g/L，其他应不大于 2 g/L。

七、说明及注意事项

（1）如检测方法与购买试剂盒所述方法有差异，以实际购买产品的使用说明为准，其他未尽事项，请参照产品说明书。

（2）所用试剂为氧化还原及酸性溶液，操作时应戴防护眼镜。沾到皮肤上时，立即用清水冲洗。

（3）对于甲醇含量超标的样品应重复测试，有条件时送实验室精确定量。

八、思考题

（1）速测盒比色法测定酒中甲醇的原理是什么？

（2）测得某酒（酒精度为 40％）的甲醇含量为 0.3 g/L，以 100％酒精计，换算后该样品的甲醇含量是多少？

实验六　食品中甲醛的快速检测（速测盒法）

不法分子为了私利，使用甲醛水泡发水产品，或喷洒在蔬菜上，或沾浸蔬菜根部，名曰防腐保鲜而不顾及消费者的身体健康。还有的不法分子将含有大量甲醛成分的吊白块用于漂白粉丝、米粉等。建立有效的现场快速检测方法，对于减少这种现象的出现能起到有益的作用。

一、实验目的

（1）掌握速测盒比色法半定量快速检测食品中甲醛的原理及操作方法。

（2）掌握目视比色方法，学会正确判断检测结果。

二、实验原理

试样中的甲醛经提取后，在碱性条件下与 4-氨基-3-联氨-5-巯基-1，2，4-三氮杂茂

(AHMT)发生缩合,再被高碘酸钾氧化成 6-巯基-S-三氮杂茂[4,3-b]-S-四氮杂苯的紫红色配合物,其颜色的深浅在一定范围内与甲醛含量成正相关,通过色阶卡进行目视比色,对试样中甲醛进行定性判定。

三、适用范围

本方法适用于银鱼、鱿鱼、牛肚、竹笋、粉丝等甲醛的半定量快速测定。

四、实验试剂、主要仪器设备、实验原料

1. 实验试剂

甲醛测定半定量试剂盒:1 号(碱性溶液)、2 号(4-氨基-3-联氨-5-巯基-1,2,4-三氮杂茂(AHMT)溶液)、3 号(高碘酸钾溶液)试液各 1 瓶,比色卡 1 张。

2. 主要仪器设备

(1)移液器。

(2)电子天平:感量为 0.01 g。

(3)离心管。

(4)样品粉碎机或剪刀。

3. 实验原料

银鱼、鱿鱼、牛肚、竹笋、粉丝等。

五、操作方法

1. 样品处理

(1)水发水产品:可直接将浸泡液或水产品上残存的浸泡液滴加到检测管中,至约 1 mL 处。

(2)蔬菜:取一定量的蔬菜,置于试管中,加入同等质量的纯净水,振摇 50 次以上,放置 5 min。取 1 mL 上清液至试管中。

(3)固体样品:将样品尽量粉(剪)碎,取 1 g,置于试管中,加纯净水到 10 mL,振摇 50 次以上,放置后取上清液 1 mL 到试管中。

2. 样品测定

在添加了样品处理液的试管中加入 1 号和 2 号试剂各 4 滴,盖好盖后混匀,1 min 后,加 2 滴 3 号试剂,摇匀,5 min 后 10 min 内与标准色板比对。

六、结果判断

将反应后的样品管与标准色板比对,找出相同或相近的色阶,色阶上标示的含量即为样品中的甲醛含量(mg/kg)。因为固体样品稀释了 10 倍,乘以 10 后即为样品中甲醛的含量(mg/kg)。若颜色超出色板标示含量范围,应将样品用纯净水稀释后重新测定,比色结果再乘以稀释倍数即可。

七、说明及注意事项

(1)如检测方法与购买试剂盒所述方法有差异,以实际购买产品的使用说明为准,其他未尽事项,请参照产品说明书。

(2)水产品中含有少量的本底甲醛,行业标准《绿色食品　干制水产品》(NY/T 1712—

2018)规定:绿色食品干制水产品中甲醛含量应小于 10 mg/kg。

（3）蔬菜本身也会含有微量的甲醛,用本方法检测时,通常不得大于 5 mg/kg。

（4）粉丝、米粉、面粉、馒头、面条、年糕、竹笋、腐竹等食品本底也会含有少量的甲醛,用本方法检测时,通常不得大于 10 mg/kg。当样品的检测结果大于这一数值时,应检测样品中二氧化硫的含量是否大于国家标准规定值(详见二氧化硫快速检测说明书),以此来确定样品中是否掺入了漂白剂吊白块成分。

（5）所取浸泡液应尽量澄清以便观察结果,必要时做空白对照或阳性对照实验以便判定。

八、思考题

（1）简述甲醛速测盒比色法的原理。

（2）甲醛的快速检测方法较多,各有哪些优缺点?

实验七 有毒豆角的快速检测（试剂盒法）

未煮熟、炒透的豆角中含有皂素及其他一些有害物质,对人体消化道有强烈刺激作用,可引起出血性炎症,并对红细胞有溶解作用,100 ℃加热 10 min 以上或更高温度时炒熟炒透可裂解皂素,消除有害物质的毒性。使用有毒豆角速测试剂盒可在 10 min 左右判别豆角是否煮熟、炒透。

一、实验目的

（1）掌握豆角中皂苷类物质的快速检测原理及操作方法。

（2）掌握目视比色法,学会正确判断检测结果。

（3）了解豆角中毒的原因及避免方法。

二、实验原理

豆角中含有的皂苷类物质与速测试剂中的氧化剂发生反应,脱水后与显色剂结合生成深色配合物。

三、适用范围

本试剂盒检测方法采用的是深色显色法,该方法抗干扰性强,适用于对复杂基质样品的测定。

四、实验试剂、主要仪器设备、实验原料

1. 实验试剂

有毒豆角速测试剂盒:包含 A 试剂(氧化剂)、B 试剂(显色剂)、C 试剂(样品提取剂)。

2. 主要仪器设备

（1）电子天平:感量为 0.01 g。

（2）加热工具(电磁炉、光波炉、电炉等均可)。

（3）加热器具(烧杯、不锈钢盆、炒菜锅均可)。

（4）剪刀。

(5) 离心管。

(6) 滴管。

3. 实验原料

扁豆、四季豆、芸豆、刀豆等。

五、操作方法

将样品洗净、沥干后,分别制成生豆角(不处理)、半熟豆角(焯水 2 min)以及熟豆角(煮沸 10 min)样品,剪成 1 mm 左右的细丝备用。称取约 2.5 g,放入 10 mL 离心管中,加 C 试剂到 10 mL,盖上盖子,用力振摇 50 次左右,取 1 mL 滤液,置于 1.5 mL 透明离心管中,加入 2 滴 A 试液,盖好盖后摇匀,再加入 2 滴 B 试液,摇匀,2 min 内观察结果。

六、结果判断

生豆角呈青黑色,豆角加热的时间越长,则颜色越浅,煮熟、炒透的豆角溶液为溶剂本色,2 min 后逐渐变为灰黑色。

七、说明及注意事项

(1) 如检测方法与购买试剂盒所述方法有差异,以实际购买产品的使用说明为准,其他未尽事项,请参照产品说明书。

(2) 检测时可将一份豆角置于沸水中煮 10 min 以上,取此豆角作为阴性对照样,更加有利于结果的判断。

(3) 豆角中皂苷类物质多聚集在豆角两头、豆荚和老菜豆中,所以取样时需要注意取用以上部位。

(4) 豆角彻底煮熟后再食用,用大锅加工豆角时更要注意翻炒均匀、煮熟焖透,使菜豆失去原有的生绿色和豆腥味。

八、思考题

(1) 造成食用豆角中毒的原因是什么?

(2) 怎样预防食用豆角中毒?

实验八　食品加工器具、容器洁净度的快速检测(速测卡法)

餐饮具和食物加工器具的表面洁净程度是卫生状况的直接体现,是 HACCP 的关键控制环节。洁净擦或 ATP 荧光检测法是良好的食品卫生评估工具,可用于现场确认污染状况并使其数值化和直观化,使从业者当场知道自身问题,直接改善工作,防患于未然,并有助于卫生清洁标准的提高;可使细菌检查的工作量大幅度减轻,实现卫生监控的简捷化、效率化。

一、实验目的

(1) 掌握食品加工器具、容器洁净度的快速检测的原理及方法。

(2) 熟悉快速检测采样规则,培养学生的职业道德。

二、实验原理

蛋白质和糖类是微生物滋生繁衍的温床,同时也是细菌菌体的组成部分。餐饮具或食物加工器具上遗留或污染的蛋白质或糖类物质,可与特定试剂反应出现不同颜色,由此可通过与对照色卡比对来判断被检物体表面洁净的程度。

三、适用范围

适用于餐饮具和食物加工器具的表面洁净程度的快速检测。

四、实验试剂及实验材料

1. 实验试剂

表面洁净程度快速检测试剂盒:速测卡片、湿润剂、显色剂、对照色卡。

2. 实验材料

碗、筷子、勺子、锅具、打包盒等。

五、操作方法

到需要监控的集体食品加工场所或者就餐地点,采集需要卫生监控的器具。加 2 滴湿润剂于采集器具表面。取出一片洁净度速测卡,圆形药片向下,于物体表面 10 cm×10 cm 大小范围内交叉来回轻轻擦拭。将洁净度速测卡圆形药片向上平放在台面上。加 1 滴显色剂到圆形药片上。如果物体表面较脏,1 min 内药片就会变为紫色,即可判定被检物体不洁净;否则,需要等待 10 min 与标准比色板进行比较以确定结果。

六、结果判定

绿色表示洁净,灰色表示处于洁净与不洁净的边界,紫色表示不洁净,深紫色表示深度不洁净。

七、说明及注意事项

(1) 如检测方法与购买速测卡所述方法有差异,以实际购买产品的使用说明为准,其他未尽事项,请参照产品说明书。

(2) 每片产品只可以使用一次,不可重复使用。

(3) 选择擦拭的关键控制点时应考虑从易清洁到难清洁的区域,比如平面、接缝、凹陷区域、混合机桨叶等。

(4) 不要用手接触圆形药片,确保药片部位仅与要检测的物体表面接触。

(5) 如需检测的控制点有肉眼可见的污垢,就不要再浪费速测卡去评估其洁净度。速测卡只用来检测看起来洁净的表面。

(6) 如果待检表面有多余液体存在,应等至稍干燥后再进行检测。

(7) 本产品最好在 3~8 ℃环境下冷藏。

八、思考题

(1) 食品加工器具、容器洁净度的快速检测的原理是什么?

(2) 通过资料查询,描述利用 ATP 手持检测仪测定器具洁净度的原理。

实验九　食品加工消毒间消毒灯具的快速检测(速测卡法)

一、实验目的

(1) 掌握紫外消毒灯具快速检测的原理及操作方法。
(2) 熟悉食品加工场所紫外消毒灯具使用达标的要求及更换。
(3) 了解食品加工场所器具消毒的重要性。

二、实验原理

紫外线辐射强度化学指示卡是将对波长 253.7 nm 的紫外线敏感的化学物质和辅料配成油墨,印在紫外线光敏纸上而制成的。将紫外线光敏纸粘贴在卡片纸中央,在卡片纸的两端分别印上辐射照度为 90 μW/cm^2 和 70 μW/cm^2 的标准色块。利用紫外线辐射强度使紫外线光敏纸产生的颜色变化来监测紫外灯是否达到使用要求。

三、适用范围

本方法适用于判断食品加工消毒间紫外线灯辐射照度(90 μW/cm^2 和 70 μW/cm^2)是否达到使用要求;用于紫外线辐射强度的日常监测,以便了解紫外线灯使用情况和及时进行更换。

四、实验材料

紫外线辐射强度化学指示卡、防紫外线的眼镜。

五、操作方法

打开紫外线灯管 5 min,待其稳定后,将指示卡置于距紫外线灯管下方垂直 1 m 中央处,将有图案一面朝向灯管,照射 1 min。紫外线灯照射后,图案中的紫外线光敏纸色块由乳白色变成不同程度的淡紫色。将其与标准色块相比,即可测知紫外线灯辐射强度值是否达到使用要求。

六、结果判定

指示卡上左右两个标准色块,表示在规定测试条件下灯管的不同辐射强度值:一个为 70 μW/cm^2;另一个为 90 μW/cm^2。测试的 30 W 新紫外线灯管,辐射强度值 $\geqslant$ 90 μW/cm^2 为合格;使用中的旧灯管,辐射强度值 $\leqslant$70 μW/cm^2 为不合格。紫外线灯的辐射强度值 $\leqslant$70 μW/cm^2 时应更换成新灯管。

七、说明及注意事项

(1) 紫外线辐射强度化学指示卡只能在监测当时观察,随后光敏纸色块将会褪色,且褪色后的指示卡不得重复使用。为备查,应将结果及时记录下来。
(2) 操作中,眼睛不能直视紫外灯管,尽量缩短眼睛与紫外线接触的时间,有条件时戴上防紫外线的眼镜。

八、思考题

(1) 紫外线辐射强度化学指示卡检测的原理是什么?
(2) 紫外消毒灯具紫外辐射强度检测过程中有哪些安全注意事项?

第三部分

综合实验

第九章　食品分析综合实验

实验一　辣椒腌制前后的理化指标变化

一、实验目的

（1）熟练掌握腌制辣椒理化指标的检测方法。

（2）了解辣椒腌制前后理化指标变化的主要原因。

二、实验原理

发酵辣椒制品是以鲜辣椒或干辣椒为主要原料，经破碎、发酵或发酵腌制等工艺加工而成的制品，如剁辣椒等。辣椒在发酵进程中亚硝酸盐、氯化钠、还原糖、总酸等理化指标会发生改变，某些指标与品质相关，如还原糖的含量；某些指标有一定限量要求，如亚硝酸盐的含量。GB 2762—2022 规定了蔬菜及其制品亚硝酸盐限量为 20 mg/kg；NY/T 1711—2020 规定了发酵辣椒的亚硝酸盐、氯化钠、总酸理化指标，如表 9-1 所示。

表 9-1　发酵辣椒理化指标

项目	限量
亚硝酸盐（以 $NaNO_2$ 计）	≤4.0 mg/kg
氯化钠（以 NaCl 计）	≤22.0 g/100 g
总酸（以乳酸计）	≤2.0 g/100 g

三、实验原料

（1）新鲜红线椒。

（2）食用盐。

四、操作方法

1. 剁辣椒的腌制

（1）将新鲜红线椒的果柄、萼片去除，洗净、沥干。

（2）将辣椒剁成粗细均匀的辣椒碎片，以 8 mm × 8 mm 大小为宜。

（3）以辣椒碎片质量为基准，添加 8%～12% 的氯化钠，也可以添加柠檬酸、亚硫酸及其盐类等食品添加剂（食品添加剂的使用应符合 GB 2760 的规定，使用前用水溶解，加水总量宜为辣椒总质量的 1%～1.2%），搅拌均匀，装入洗净并晾干的玻璃罐或陶瓷坛中，密封，自然发酵。

2. 剁辣椒腌制前后的理化指标测定

在剁辣椒入坛腌制前，测定亚硝酸盐、抗坏血酸、二氧化硫、氯化钠、还原糖、总酸等理化指标,经自然发酵 1~4 周,再次测定上述指标。

(1) 亚硝酸盐测定:具体方法详见本书第六章实验四的内容。

(2) 抗坏血酸测定:具体方法详见本书第五章实验十四的内容。

(3) 二氧化硫测定:具体方法详见本书第六章实验三的内容。

(4) 氯化钠测定:具体方法详见本书第五章实验十的内容。

(5) 还原糖测定:具体方法详见本书第五章实验八的内容。

(6) 总酸的测定:具体方法详见本书第五章实验五的内容。

五、说明及注意事项

(1) 剁辣椒腌制的玻璃罐或陶瓷坛需提前洗净,用煮沸的开水烫后沥干。

(2) 剁辣椒腌制时,玻璃罐或陶瓷坛瓶口一定要密封严实,防止空气进入。

六、思考题

(1) 计算剁辣椒的总酸含量时,一般采用哪种有机酸的换算系数?

(2) 试述辣椒腌制前后亚硝酸盐、抗坏血酸、还原糖和总酸的变化规律。

实验二　豆粉干燥前后的理化指标变化

一、实验目的

(1) 掌握水分、蛋白质、脂肪、灰分、黄酮的测定方法。

(2) 分析豆粉干燥前后理化指标的变化。

二、实验原理

GB/T 18738—2006 规定,根据工艺,速溶豆粉可分为Ⅰ类和Ⅱ类;根据添加的辅料和理化指标,可分为普通型、高蛋白型、低糖型、低糖高蛋白型和其他型,以Ⅱ类普通型为例,其理化指标如表 9-2 所示。

表 9-2　Ⅱ类普通型速溶豆粉理化指标

项目	限量/(%)
水分	≤4.0
蛋白质	≥15.0
脂肪	≥8.0
灰分	≤5.0

三、实验原料

大豆:应符合 GB/T 8612 的规定。

四、操作方法

1. 全豆粉制备

称取约 500 g 大豆,用高速粉碎机打磨成粉,过 0.15 mm 筛(相当于 100 目)。

2. 全豆粉干燥前后的理化指标测定

对全豆粉的水分、蛋白质、脂肪、灰分、黄酮含量进行测定;热风干燥 2 h 后,再次测定全豆粉的水分、蛋白质、脂肪、灰分、黄酮含量。

(1)水分测定:具体方法详见本书第五章实验一的内容。
(2)蛋白质测定:具体方法详见本书第五章实验十三的内容。
(3)脂肪测定:具体方法详见本书第五章实验十二的内容。
(4)灰分测定:具体方法详见本书第五章实验三的内容。
(5)黄酮测定:具体方法详见本书第五章实验十一的内容。

五、说明及注意事项

(1)在测定水分的过程中,称量瓶从烘箱中取出后,应迅速放入干燥器中进行冷却。
(2)大豆及其制品蛋白质的换算系数为 5.71。

六、思考题

(1)全豆粉样品干燥前后各项理化指标的变化有何规律?
(2)大豆中黄酮类物质具有哪些生理功能?

实验三　植物油煎炸前后的理化指标变化

一、实验目的

(1)熟练掌握植物油理化指标的测定方法。
(2)了解植物油煎炸后酸价、过氧化值、极性组分变化的主要原因。

二、实验原理

煎炸是食品加工常用的手段之一,植物油经煎炸后各理化指标会发生变化,其中酸价、过氧化值、极性组分是评价油脂品质的重要指标。

国标对不同级别的各类油品的理化指标作了相关规定,以二级成品油为例,几种油品的理化指标如表 9-3 所示。

表 9-3　几种油品的理化指标

项目	大豆油	花生油	菜籽油(压榨)
酸价(KOH)	≤2.0 mg/g	≤3.0 mg/g	≤3.0 mg/g
过氧化值	≤6.0 g/100 g	≤0.25 g/100 g	≤0.25 g/100 g
极性组分	—	—	—

注:"—"表示不检测。

国标对于煎炸过程中食用植物油的酸价、过氧化值、极性组分等理化指标作出了规定,如表 9-4 所示。

表 9-4　煎炸过程中食用植物油的理化指标

项目	限量
酸价(KOH)	≤5 mg/g
过氧化值	—
极性组分	≤27%

三、实验原料

(1)菜籽油:1 L。
(2)土豆:500 g 左右。

四、操作方法

1. 菜籽油理化指标测定
(1)酸价测定:具体方法详见本书第七章实验二的内容。
(2)过氧化值测定:具体方法详见本书第七章实验一的内容。
(3)极性组分的测定:具体方法详见 GB 5009.202—2016,或者利用煎炸油极性组分检测仪进行快速检测。

2. 菜籽油煎炸土豆操作要点
(1)称取土豆 500 g 左右,将土豆去皮、洗净并沥干、切片。
(2)将土豆片放入油温七八分热的 1 L 菜籽油中,煎炸温度不得超过 190 ℃,煎炸 5 min,捞出土豆。
(3)待油温冷却至室温,过滤。

3. 煎炸后菜籽油理化指标测定
(1)酸价测定:具体方法详见本书第七章实验二的内容。
(2)过氧化值测定:具体方法详见本书第七章实验一的内容。
(3)极性组分的测定:具体方法详见 GB 5009.202—2016,或者利用煎炸油极性组分检测仪进行快速检测。

五、说明及注意事项

(1)当油样颜色较深,导致测酸价难以判断终点时,可减少油样用量并多加溶剂,或采用电位滴定法。
(2)测酸价时,油样的称样量和滴定液浓度应使滴定液用量在 0.2～10 mL(扣除空白后)。
(3)碘化钾溶液应澄清无色。
(4)淀粉指示剂在临近滴定终点时加入。

六、思考题

(1)简述测定油脂酸价的意义。
(2)植物油煎炸后酸价和极性组分变化的主要原因是什么?

附　　录

附录 A　我国化学试剂的等级及标志

级别	纯度分类	英文代号	瓶签颜色
一级品	优级纯	GR	绿色
二级品	分析纯	AR	红色
三级品	化学纯	CP	蓝色
四级品	实验试剂	LR	黄色或其他颜色

附录 B　常用酸碱浓度表(市售商品)

试剂名称	相对分子质量	质量分数/(%)	相对密度	浓度/(mol/L)	分子式
冰乙酸	60.05	99.5	1.05	17	CH_3COOH
乙酸	60.05	36	1.04	6.3	CH_3COOH
甲酸	46.02	90	1.20	23	$HCOOH$
盐酸	36.5	36~38	1.18	12	HCl
硝酸	63.02	65~68	1.4	16	HNO_3
高氯酸	100.5	70	1.67	12	$HClO_4$
磷酸	98.0	85	1.70	15	H_3PO_4
硫酸	98.1	96~98	1.84	18	H_2SO_4
氨水	17.0	25~28	0.88	15	$NH_3 \cdot H_2O$

附录 C　常用标准溶液的配制与标定

一、盐酸的配制与标定

1. 配制

(1) 盐酸标准滴定溶液($c(HCl)=0.1$ mol/L):量取 9 mL 浓盐酸,加适量水并稀释至 1000 mL。

（2）溴甲酚绿-甲基红混合指示液：量取 30 mL 溴甲酚绿的乙醇溶液（2 g/L），加入 20 mL 甲基红的乙醇溶液（1 g/L），混匀。

2. 标定

准确称取约 0.15 g 在 270～300 ℃干燥至恒重的基准无水碳酸钠，加 50 mL 水使之溶解，加 10 滴溴甲酚绿-甲基红混合指示液，用盐酸标准滴定溶液（$c(HCl)=0.1$ mol/L）滴定至溶液由绿色转变为紫红色，煮沸 2 min，冷却至室温，继续滴定至溶液由绿色变为暗紫色。同时做试剂空白实验。

3. 计算

盐酸标准滴定溶液的浓度按下式计算：

$$c_1 = \frac{m}{(V_1-V_2)\times 0.0530}$$

式中：c_1——盐酸标准滴定溶液的实际浓度，mol/L；

　　　m——基准无水碳酸钠的质量，g；

　　　V_1——滴定碳酸钠溶液时盐酸标准滴定溶液用量，mL；

　　　V_2——试剂空白实验中盐酸标准滴定溶液用量，mL；

　　　0.0530——与 1.00 mL 盐酸标准滴定溶液（$c(HCl)=1$ mol/L）相当的基准无水碳酸钠的质量，g。

二、硫酸标准滴定溶液的配制与标定

1. 配制

硫酸标准滴定溶液（$c(1/2\ H_2SO_4)=0.1$ mol/L）：量取 3 mL 浓硫酸，缓缓注入适量水中，冷却至室温后用水稀释至 1000 mL，混匀。

2. 标定

准确称取约 0.15 g 在 270～300 ℃干燥至恒重的基准无水碳酸钠，加 50 mL 水使之溶解，加 10 滴溴甲酚绿-甲基红混合指示液，用硫酸标准滴定溶液（$c(1/2\ H_2SO_4)=0.1$ mol/L）滴定至溶液由绿色转变为紫红色，煮沸 2 min，冷却至室温，继续滴定至溶液由绿色变为暗紫色。同时做试剂空白实验。

3. 计算

硫酸标准滴定溶液浓度按下式计算：

$$c_2 = \frac{m}{(V_1-V_2)\times 0.0530}$$

式中：c_2——硫酸标准滴定溶液的实际浓度，mol/L；

　　　m——基准无水碳酸钠的质量，g；

　　　V_1——滴定碳酸钠溶液时硫酸标准滴定溶液用量，mL；

　　　V_2——试剂空白实验中硫酸标准滴定溶液用量，mL；

　　　0.0530——与 1.00 mL 硫酸标准滴定溶液（$c(1/2\ H_2SO_4)=1$ mol/L）相当的基准无水碳酸钠的质量，g。

三、氢氧化钠标准滴定溶液的配制与标定

1. 配制

(1) 氢氧化钠饱和溶液:称取 120 g 氢氧化钠,加 100 mL 水,振摇使之溶解成饱和溶液,冷却后置于聚乙烯塑料瓶中,密塞,放置数日,澄清后备用。

(2) 氢氧化钠标准滴定溶液($c(NaOH)=0.1$ mol/L):吸取 5.6 mL 澄清的氢氧化钠饱和溶液,加适量新煮沸过的冷水至 1000 mL,摇匀。

(3) 酚酞指示液:称取 1 g 酚酞,溶于适量乙醇中,再稀释至 100 mL。

2. 标定

准确称取 0.4～0.6 g 在 105～110 ℃干燥至恒重的基准邻苯二甲酸氢钾,加 80 mL 新煮沸过的冷水,使之尽量溶解,加 2 滴酚酞指示液,用氢氧化钠标准滴定溶液($c(NaOH)=0.1$ mol/L)滴定至溶液呈粉红色且 0.5 min 不褪色。同时做空白实验。

3. 计算

氢氧化钠标准滴定溶液的浓度按下式计算:

$$c_3 = \frac{m}{(V_1 - V_2) \times 0.2042}$$

式中:c_3——氢氧化钠标准滴定溶液的实际浓度,mol/L;

m——基准邻苯二甲酸氢钾的质量,g;

V_1——滴定邻苯二甲酸氢钾溶液时氢氧化钠标准滴定溶液用量,mL;

V_2——空白实验中氢氧化钠标准滴定溶液用量,mL;

0.2042——与 1.00 mL 氢氧化钠标准滴定溶液($c(NaOH)=1$ mol/L)相当的基准邻苯二甲酸氢钾的质量,g。

四、氢氧化钾标准滴定溶液的配制与标定

1. 配制

氢氧化钾标准滴定溶液($c(KOH)=0.1$ mol/L):称取 6 g 氢氧化钾,加适量新煮沸过的冷水溶解,并稀释至 1000 mL,摇匀。

2. 标定和计算

同氢氧化钠标准滴定溶液($c(NaOH)=0.1$ mol/L)。

五、高锰酸钾标准滴定溶液的配制与标定

1. 配制

高锰酸钾标准滴定溶液($c(1/5\ KMnO_4)=0.1$ mol/L):称取约 3.3 g 高锰酸钾,加 1000 mL水。加热煮沸 15 min,加塞静置 2 d 以上,用垂融漏斗过滤,置于具玻璃塞的棕色瓶中密封保存。

2. 标定

准确称取 0.15～0.20 g 在 110 ℃干燥至恒重的基准草酸钠($Na_2C_2O_4$),置于 250 mL 锥形瓶中。加入 40 mL 蒸馏水、10 mL 2 mol/L 硫酸溶液,加热至 70～80 ℃,用待标定的高锰酸

钾标准滴定溶液滴定至微红色出现且 30 s 不褪色,即为终点,记录耗用高锰酸钾标准滴定溶液的体积。在滴定终了时,溶液温度应不低于 55 ℃。同时做空白实验。

3. 计算

高锰酸钾标准滴定溶液的浓度按下式计算:

$$c_4 = \frac{m}{(V_1 - V_2) \times 0.0670}$$

式中:c_4——高锰酸钾标准滴定溶液的实际浓度,mol/L;

　　　m——基准草酸钠的质量,g;

　　　V_1——滴定草酸钠溶液时高锰酸钾标准滴定溶液用量,mL;

　　　V_2——空白实验中高锰酸钾标准滴定溶液用量,mL;

　　　0.0670——与 1.00 mL 高锰酸钾标准滴定溶液(c(1/5 KMnO$_4$)＝1 mol/L)相当的基准
　　　　　　　草酸钠的质量,g。

六、草酸标准滴定溶液的配制与标定

1. 配制

草酸标准滴定溶液(c(1/2 H$_2$C$_2$O$_4$ · 2H$_2$O)＝0.1 mol/L):称取约 6.4 g 草酸,加适量的水使之溶解并稀释至 1000 mL,混匀。

2. 标定

吸取 25.00 mL 草酸标准滴定溶液,置于 250 mL 锥形瓶中。以下同高锰酸钾标准滴定溶液的标定,自"加入 40 mL 蒸馏水"操作。

3. 计算

草酸标准滴定溶液的浓度按下式计算:

$$c_5 = \frac{(V_1 - V_2) \times c}{V}$$

式中:c_5——草酸标准滴定溶液的实际浓度,mol/L;

　　　V_1——滴定草酸溶液时高锰酸钾标准滴定溶液用量,mL;

　　　V_2——空白实验中高锰酸钾标准滴定溶液用量,mL;

　　　c——高锰酸钾标准滴定溶液的浓度,mol/L;

　　　V——草酸标准滴定溶液用量,mL。

七、碘标准滴定溶液的配制与标定

1. 配制

(1) 碘标准滴定溶液(c(1/2 I$_2$)＝0.1 mol/L):称取约 13.5 g 碘,加 36 g 碘化钾、50 mL 水。溶解后加入 3 滴浓盐酸及适量水稀释至 1000 mL,用垂融漏斗过滤。置于阴凉处,密闭、避光保存。

(2) 0.5%淀粉指示液:称取 0.5 g 可溶性淀粉,加入约 5 mL 水,搅匀后缓缓倒入 100 mL 沸水中,随加随搅拌,煮沸 2 min,放冷,备用。临用前配制。

(3) 1%酚酞指示液:详见氢氧化钠标准滴定溶液的标定。

2. 标定

准确称取约 0.15 g 在 105 ℃ 干燥 1 h 的基准三氧化二砷,加入 10 mL 氢氧化钠溶液(40 g/L),微热使之溶解。加入 20 mL 水及 2 滴酚酞指示液,加入适量硫酸(1+35)至红色消失,再加 2 g 碳酸氢钠、50 mL 水及 2 mL 淀粉指示液。用碘标准滴定溶液滴定至浅蓝色。

3. 计算

碘标准滴定溶液的浓度按下式计算:

$$c_6 = \frac{m}{V \times 0.04946}$$

式中:c_6——碘标准滴定溶液的实际浓度,mol/L;

$\quad\quad m$——基准三氧化二砷的质量,g;

$\quad\quad V$——滴定砷液时碘标准滴定溶液用量,mL;

$\quad\quad$0.04946——与 1 mL 碘标准滴定溶液($c(1/2\ I_2)=1$ mol/L)相当的三氧化二砷的质量,g。

八、硫代硫酸钠标准滴定溶液的配制与标定

1. 配制

(1) 硫代硫酸钠标准滴定溶液($c(Na_2S_2O_3 \cdot 5H_2O)=0.1$ mol/L):称取 26 g 硫代硫酸钠及 0.2 g 碳酸钠,加入适量新煮沸过的冷水使之溶解,并稀释至 1000 mL,混匀,放置一个月后过滤备用。

(2) 淀粉指示液:称取 0.5 g 可溶性淀粉,加入约 5 mL 水,搅匀后缓缓倾入 100 mL 沸水中,随加随搅拌,煮沸 2 min,放冷,备用。此指示液应临用时配制。

(3) 硫酸溶液(1+8):吸取 10 mL 浓硫酸,慢慢倒入 80 mL 水中。

2. 标定

准确称取约 0.15 g 在 120 ℃ 干燥至恒重的基准重铬酸钾,置于 500 mL 碘量瓶中,加入 50 mL 水使之溶解。加入 2 g 碘化钾,轻轻振摇使之溶解。再加入 20 mL 硫酸溶液(1+8),密塞,摇匀,放置于暗处 10 min 后用 250 mL 水稀释。用硫代硫酸钠标准滴定溶液滴至溶液呈浅黄绿色,再加入 3 mL 淀粉指示液,继续滴定至蓝色消失而显亮绿色。反应液及稀释用水的温度不应高于 20 ℃。同时做试剂空白实验。

3. 计算

硫代硫酸钠标准滴定溶液的浓度按下式计算:

$$c_7 = \frac{m}{(V_1 - V_2) \times 0.04903}$$

式中:c_7——硫代硫酸钠标准滴定溶液的实际浓度,mol/L;

$\quad\quad m$——基准重铬酸钾的质量,g;

$\quad\quad V_1$——滴定重铬酸钾溶液时硫代硫酸钠标准滴定溶液用量,mL;

$\quad\quad V_2$——试剂空白实验中硫代硫酸钠标准滴定溶液用量,mL;

$\quad\quad$0.04903——与 1.00 mL 硫代硫酸钠标准滴定溶液($c(Na_2S_2O_3 \cdot 5H_2O)=1.000$ mol/L)相当的重铬酸钾的质量,g。

硫代硫酸钠标准滴定溶液($c(Na_2S_2O_3 \cdot 5H_2O)=0.02$ mol/L、$c(Na_2S_2O_3 \cdot 5H_2O)=0.01$ mol/L):临用前取 0.10 mol/L 硫代硫酸钠标准滴定溶液,加新煮沸过的冷水稀释制成。

九、乙二胺四乙酸二钠标准滴定溶液的配制与标定

1. 配制

(1) 乙二胺四乙酸二钠标准滴定溶液($c(C_{10}H_{14}N_2O_8Na_2 \cdot 2H_2O)=0.05$ mol/L)：称取 20 g 乙二胺四乙酸二钠($C_{10}H_{14}N_2O_8Na_2 \cdot 2H_2O$)，加入 1000 mL 水，加热使之溶解，冷却后摇匀。置于玻璃瓶中，避免与橡皮塞、橡皮管接触。

(2) 乙二胺四乙酸二钠标准滴定溶液($c(C_{10}H_{14}N_2O_8Na_2 \cdot 2H_2O)=0.02$ mol/L)：按上步骤操作，但乙二胺四乙酸二钠的量改为 8 g。

(3) 乙二胺四乙酸二钠标准滴定溶液($c(C_{10}H_{14}N_2O_8Na_2 \cdot 2H_2O)=0.01$ mol/L)：按上步骤操作，但乙二胺四乙酸二钠的量改为 4 g。

(4) 氨-氯化铵缓冲溶液(pH=10)：称取 5.4 g 氯化铵，加适量水溶解后，加入 35 mL 浓氨水，再加水稀释至 100 mL。

(5) 氨水(4→10)：量取 40 mL 浓氨水，加水稀释至 100 mL。

(6) 铬黑 T 指示剂：称取 0.1 g 铬黑 T(6-硝基-1-(1-萘酚-4-偶氮)-2-萘酚-4-磺酸钠)，加入 10 g 氯化钠，研磨混合。

2. 标定

(1) 乙二胺四乙酸二钠标准滴定溶液($c(C_{10}H_{14}N_2O_8Na_2 \cdot 2H_2O)=0.05$ mol/L)：准确称取约 0.4 g 在 800 ℃ 灼烧至恒重的基准氧化锌，置于小烧杯中，加入 1 mL 浓盐酸，溶解后移入 100 mL 容量瓶，加水稀释至刻度，混匀。吸取 30.00~35.00 mL 此溶液，加入 70 mL 水，用氨水(4→10)调至 pH 7~8，再加 10 mL 氨-氯化铵缓冲溶液(pH=10)，用乙二胺四乙酸二钠标准滴定溶液滴定，接近终点时加入少许铬黑 T 指示剂，继续滴定至溶液自紫色转变为纯蓝色。

(2) 乙二胺四乙酸二钠标准滴定溶液($c(C_{10}H_{14}N_2O_8Na_2 \cdot 2H_2O)=0.02$ mol/L)：按步骤(1)操作，但基准氧化锌量改为 0.16 g，浓盐酸量改为 0.4 mL。

(3) 乙二胺四乙酸二钠标准滴定溶液($c(C_{10}H_{14}N_2O_8Na_2 \cdot 2H_2O)=0.01$ mol/L)：按步骤(2)操作，但容量瓶改为 200 mL。

(4) 同时做试剂空白实验。

3. 计算

乙二胺四乙酸二钠标准滴定溶液的浓度按下式计算：

$$c_8 = \frac{m}{(V_1-V_2) \times 0.08138}$$

式中：c_8——乙二胺四乙酸二钠标准滴定溶液的实际浓度，mol/L；

m——用于滴定的基准氧化锌的质量，mg；

V_1——滴定锌液时乙二胺四乙酸二钠标准滴定溶液用量，mL；

V_2——试剂空白实验中乙二胺四乙酸二钠标准滴定溶液用量，mL；

0.08138——与 1.00 mL 乙二胺四乙酸二钠标准滴定溶液($c(C_{10}H_{14}N_2O_8Na_2 \cdot 2H_2O)=$ 1.000 mol/L)相当的基准氧化锌的质量，g。

附录 D　常用酸碱指示剂(以变色 pH 值范围为序)

编号	名称	变色 pH 值范围	颜色变化	配制方法
1	孔雀绿(第一变色范围)	0.13～2.0	黄—淡绿	0.1%的水溶液
2	百里酚蓝(第一变色范围)	1.2～2.8	红—黄	0.1%的20%乙醇溶液
3	甲基黄	2.9～4.0	红—黄	0.1%的90%乙醇溶液
4	溴酚蓝	3.0～4.6	黄—蓝	0.1%的20%乙醇溶液
5	刚果红	3.0～5.2	蓝紫—红	0.1%的水溶液
6	甲基橙	3.1～4.4	红—橙黄	0.1%的水溶液
7	溴甲酚绿	3.8～5.4	黄—蓝	0.1%的20%乙醇溶液
8	甲基红	4.4～6.2	红—黄	0.1%的60%乙醇溶液
9	溴酚红	5.0～6.8	黄—红	0.1%的20%乙醇溶液
10	溴百里酚蓝	6.0～7.6	黄—蓝	0.1%的20%乙醇溶液
11	中性红	6.8～8.0	红—黄	0.1%的60%乙醇溶液
12	四溴酚酞	8.0～9.0	无—紫	0.1%的20%乙醇溶液
13	百里酚蓝(第二变色范围)	8.0～9.6	黄—蓝	0.1%的20%乙醇溶液
14	酚酞	8.2～10.0	无—紫红	0.1%的60%乙醇溶液
15	百里酚酞	9.4～10.6	无—蓝	0.1%的90%乙醇溶液
16	孔雀绿(第二变色范围)	11.5～13.2	蓝绿—无	0.1%的水溶液

附录 E　部分实验仪器操作说明

一、电子天平

1. 电子天平的使用方法

(1) 使用前检查天平是否水平,根据需要调整使其水平。

(2) 称量前接通电源预热 30 min。

(3) 校准。首次使用天平必须校准天平。将天平从一地移到另一地或在使用一段时间(30 d 左右)后,应对天平重新校准。为使称量更为精确,亦可随时对天平进行校准。用内装校准砝码或外部自备有修正值的校准砝码进行。

(4) 称量。按下显示屏的开关键,待稳定显示零点后,将物品放到秤盘上,关上防风门。显示稳定后即可读取称量值。操纵相应的按键可以实现"去皮""增重""减重"等称量功能。

2. 使用说明及注意事项

(1) 电子天平在安装之后、称量之前必不可少的一个环节是"校准"。这是因为电子天平是将被称物的质量产生的重力通过传感器转换成电信号来表示被称物的质量的。称量结果实质上是被称物重力的大小,故与重力加速度有关,称量值随纬度的增高而增高。另外,称量值还随海拔的升高而减少。因此,电子天平在安装后或移动位置后必须进行校准。

(2)电子天平开机后需要预热较长一段时间(至少 0.5 h),才能进行正式称量。

(3)电子天平的积分时间也称为测量时间,有几挡可供选择,出厂时选择了一般状态,如无特殊要求不必调整。

(4)在较长时间不使用的电子天平应每隔一段时间通电一次,以保持电子元器件干燥,特别是湿度大时更应该经常通电。

二、分光光度计

1.分光光度计的使用方法

(1)首先接通电源,打开电源开关,指示灯亮,打开比色皿暗箱盖。预热 20 min。

(2)旋转波长选择旋钮,选择所需用的单色光波长,旋转灵敏度旋钮,选择所需用的灵敏度挡。

(3)将模式设置于"T"。

(4)打开试样室盖,调节 0%旋钮,使数字显示为"0.000"。将比色皿暗箱盖合上,调节 100%旋钮,使数字显示为"100"。按上述方法连续几次调整零位和 100%位,即可进行测定工作。

(5)将模式设置于"A",放入比色皿,将比色皿暗箱盖合上,推进比色皿拉杆,使参比溶液处于空白校正位置,使光电管见光,调节 100%键,使参比溶液的吸光度显示值为"0.000",然后将被测溶液置于光路中,此时数字显示值即为被测溶液的吸光度。

2.分光光度计的使用说明及注意事项

(1)当测定波长在 360 nm 以上时,可用玻璃比色皿;当测定波长在 360 nm 以下时,要用石英比色皿。比色皿外部要用吸水纸吸干,不能用手触摸光面的表面。

(2)仪器配套的比色皿不能与其他仪器的比色皿单个调换。如需增补,应经校正后方可使用。

(3)开关样品室盖时,应小心操作,防止损坏光门开关。

(4)不测量时,应使样品室盖处于开启状态,否则会使光电管疲劳,数字显示不稳定。

(5)当光源波长调整幅度较大时,需稍等数分钟才能工作。因光电管受光后,需有一段响应时间。

(6)要保持仪器干燥、清洁。

参 考 文 献

[1] 刘杰.食品分析实验[M].北京:化学工业出版社,2009.

[2] 刘绍.食品分析与检验[M].2 版.武汉:华中科技大学出版社,2019.

[3] 王永华,吴青.食品感官评定[M].北京:中国轻工业出版社,2018.

[4] 余以刚,肖性龙.食品质量与安全检验实验[M].2 版.北京:中国质检出版社,中国标准出版社,2016.

[5] 大连轻工业学院,华南理工大学,郑州轻工业学院,等.食品分析[M].北京:中国轻工业出版社,2006.

[6] 王丽丽,林清霞,宋振硕,等.分光光度法测定茶叶中总黄酮含量[J].茶叶学报,2021,62(1):1-6.

[7] 章银良.食品检验教程[M].北京:化学工业出版社,2006.

[8] 蒋大程,高珊,高海伦,等.考马斯亮蓝法测定蛋白质含量中的细节问题[J].实验科学与技术,2018,16(3):119-122.

[9] 李营,胡运梅.离子色谱法和分光光度法测定卤肉制品中亚硝酸盐的比较研究[J].食品安全质量检测学报,2021,12(8):3358-3361.

[10] 陈福生.食品安全实验——检测技术与方法[M].北京:化学工业出版社,2010.

[11] 王世平.食品安全检测技术[M].2 版.北京:中国农业大学出版社,2016.

[12] 王林,王晶,周景洋.食品安全快速检测技术手册[M].北京:化学工业出版社,2009.

[13] 师邱毅,程春梅.食品安全快速检测技术[M].2 版.北京:化学工业出版社,2020.

[14] 武晋慧,孟利.免疫胶体金技术及其应用研究进展[J].中国农学通报,2019,35(13):146-151.

[15] 陈爱亮.食品安全快速检测技术现状及发展趋势[J].食品安全质量检测学报,2021,12(2):411-414.

[16] 梁芳慧,李海霞,许静,等.白酒中甲醇快速检测仪性能评价[J].分析仪器,2018,(5):140-143.

[17] 孔舒,何碧英,刘艳玲.三种豆角皂苷食物中毒快速检测方法的比较[J].中国卫生检验杂志,2013,23(11):2550-2552.

[18] 王永华,戚穗坚.食品分析[M].3 版.北京:中国轻工业出版社,2017.

[19] 戚穗坚,杨丽.食品分析实验指导[M].北京:中国轻工业出版社,2018.